AF626297

SAMMLUNG GÖSCHEN BAND 1059

AUFGABENSAMMLUNG

ZU DEN GEWÖHNLICHEN UND PARTIELLEN

DIFFERENTIALGLEICHUNGEN

von

DR. GUIDO HOHEISEL
o. Professor der Mathematik an der Universität Köln

Dritte, durchgesehene und verbesserte Auflage

WALTER DE GRUYTER & CO.
vormals G. J. Göschen'sche Verlagshandlung · J. Guttentag,
Verlagsbuchhandlung · Georg Reimer · Karl J. Trübner · Veit & Comp.
BERLIN 1958

©

Copyright 1958 by Walter de Gruyter & Co., Berlin W 35, Genthiner Str. 13. Alle Rechte, einschl. der Rechte der Herstellung von Photokopien und Mikrofilmen, von der Verlagshandlung vorbehalten. — Archiv-Nr. 11 10 59.
Satz: Walter de Gruyter & Co., Berlin W 35. Druck: Paul Funk, Berlin W 35.
Printed in Germany

Inhaltsverzeichnis

Seite

Abkürzungen

G. D. = Hoheisel, Gewöhnliche Differentialgleichungen. Sammlung Göschen, Bd. 920. 5. Aufl. 1956.

P. D. = Hoheisel, Partielle Differentialgleichungen. Sammlung Göschen, Bd. 1003. 3. Aufl. 1953.

Literatur

E. Kamke, Differentialgleichungen. Lösungsmethoden und Lösungen. 2 Bde. Leipzig, Akad. Verlag.

Gaston Julia, Exercices d'analyse. Bd. III u. IV. Paris, Gauthier-Villars, 1935.

Kapitel I. Differentialgleichungen erster Ordnung

§ 1. Die einfachsten Integrationsmethoden

Eine Differentialgleichung erster Ordnung, linear in y', ist entweder in der Form

$$(1) \qquad P(x, y) + Q(x, y) \cdot y' = 0$$

oder in der Form

$$(1') \qquad P \cdot dx + Q \cdot dy = 0$$

gegeben. Die letzte Form bevorzugt keine Koordinate. Lösung heißt jede Kurve $x = x(t)$, $y = y(t)$, für die

$$P(x(t), y(t)) \cdot \frac{dx}{dt} + Q(x(t), y(t)) \cdot \frac{dy}{dt}$$

identisch Null ist. Bei Einführung neuer Koordinaten ist die zweite Form zumeist bequemer und dürfte daher fast immer zu bevorzugen sein. Zu erkennen, ob eine vorgelegte Differentialgleichung zu einem integrablen Typus gehört, ist Sache der Übung. Die Differentialgleichung

$$4x^2 \cdot y' + y + 3x = 0$$

bzw.

$$(y + 3x)\,dx + 4x^2 \cdot dy = 0$$

wird vielleicht in der zweiten Form nicht sofort als lineare Differentialgleichung erkannt. Doch dürfte in der Gleichung

$$(2x - 7 + y^5 - 2y^3) \cdot y' + 4 - y^3 + y = 0$$

bzw.

$$(2x - 7 + y^5 - 2y^3) \cdot dy + (4 - y^3 + y) \cdot dx = 0$$

die zweite Form leichter erkennen lassen, daß für x als Funktion von y eine lineare Differentialgleichung vorliegt. Es ist daher zweckmäßig, sich an beide Formen gleichermaßen zu gewöhnen. Will man nun eine Gleichung (1), (1') integrieren, so überzeugt man sich zunächst, ob sie linear oder ob sie homogen ist. Man muß im zweiten Fall beachten, daß P und Q selbst nicht homogen zu sein brauchen, sondern nur ihr Quotient. Ein grobes Beispiel dafür ist

$$\sin(x+y)(x^3-4y^3)\,dx + (x^2y-7x^3+3xy^2)\cdot\sin(x+y)\,dy = 0.$$

Nach Division durch $\sin(x+y)$ ist diese Gleichung homogen. Zu den Lösungen gehören nicht nur die Lösungen der homogenen Gleichung, sondern auch (als singuläre) die Geraden $x+y=n\cdot\pi$. Ist die vorgelegte Gleichung weder linear noch homogen, so prüft man, ob sie eine totale Differentialgleichung ist, das heißt, ob $\frac{\partial P}{\partial y}=\frac{\partial Q}{\partial x}$ ist. Ist auch das nicht der Fall, so wird man vielleicht auf Grund der besonderen Gestalt der Gleichung eine spezielle Operation anwenden, die das Problem erleichtert, z. B. Einführung neuer Variabler. Eine feste Methode gibt es hierbei nicht. Als methodischer Ansatz bleibt noch übrig, einen integrierenden Faktor zu suchen. Man weiß, daß diese Methode dann aussichtsreich ist, wenn es eine Funktion von x oder y allein gibt, die integrierender Faktor ist. Das läßt sich noch verallgemeinern. Wenn (1′) einen integrierenden Faktor μ hat, der nur von einer Größe $v(x,y)$ abhängt $\mu=\mu(v(x,y))$, dann ist wegen

$$\frac{\partial(\mu P)}{\partial y}=\frac{\partial(\mu Q)}{\partial x}$$

$$\text{(2)}\qquad \mu'(v)\cdot(P\cdot v_y - Q\cdot v_x)=\mu(v)\cdot(Q_x-P_y).$$

Damit es eine solche Funktion gibt, muß offenbar

$$\text{(3)}\qquad (P\cdot v_y - Q\cdot v_x):(Q_x-P_y)$$

eine Funktion von v allein sein. Ist das der Fall, dann ist μ aus der linearen Differentialgleichung (2) sofort zu bestimmen. In besonderen Fällen wird es möglich sein zu erkennen, für welche Funktion v der Ausdruck (3) nur von v abhängt. Für

$v = x$ und $v = y$ ergeben sich die schon bekannten Bedingungen (G. D. S. 13). Für $v = x \cdot y$, $x^2 + y^2$, x/y usw. erhält man eine Reihe neuer, übersichtlicher Bedingungen.

Die nun folgenden Beispiele sollen an die verschiedenen Integrationsmethoden erinnern.

1) $$\frac{\operatorname{tg} y}{\cos^2 x} + \frac{\operatorname{tg} x}{\cos^2 y} \cdot y' = 0.$$

In Form (1′) setzen. Trennung der Variablen möglich:

$$\frac{dx}{\operatorname{tg} x \cdot \cos^2 x} + \frac{dy}{\operatorname{tg} y \cdot \cos^2 y} = 0;$$

$$\log \operatorname{tg} x + \log \operatorname{tg} y = c$$

$$\operatorname{tg} x \cdot \operatorname{tg} y = (e^c =) C.$$

2) $$y \cos(x - y)\, dx = (y \cos(x - y) + \sin(x - y))\, dy.$$

Die Gestalt der Gleichung legt es nahe, $v = x - y$ an Stelle von x als Veränderliche zu wählen.

$$y \cdot \cos v \cdot d(v + y) - (y \cdot \cos v + \sin v) \cdot dy = y \cdot \cos v \cdot dv - \sin v \cdot dy = 0.$$

Trennung der Variablen ergibt neben $y \equiv 0$

$$\log \sin v - \log y = c, \qquad y^{-1} \cdot \sin(x - y) = C$$

$$x = y + \arcsin(C \cdot y).$$

3) $$(3\, x^2 y^2 - y) \cdot dx + x \cdot dy = 0.$$

Die Form läßt erkennen, daß eine Bernoullische Gleichung vorliegt (G. D. S. 19):

$$y' - x^{-1} y + 3xy^2 = 0; \quad z = y^{-1}; \quad z' + x^{-1} z - 3x = 0;$$

$$z = cx^{-1} + x^2.$$

4) $$(x^3 y - 2y^4) \cdot dx + (y^3 x - 2x^4) \cdot dy = 0.$$

Homogene Diffgl. $z = y : x$ ($y \equiv 0$, $x \equiv 0$ Lösungen)

$$(z - 2z^4)\, dx + (z^3 - 2)(x\, dz + z\, dx) = 0$$

$$\frac{dx}{x} = \frac{z^3 - 2}{z \cdot (z^3 + 1)}\, dz.$$

Die rechtsseitige Quadratur erfordert Faktorenzerlegung des Nenners. Aus dem Ansatz

$$\frac{z^3-2}{z\cdot(z^3+1)}=\frac{\alpha}{z}+\frac{\beta}{z+1}+\frac{\gamma z+\delta}{z^2-z+1}$$

ergibt sich etwa durch Koeffizientenvergleich:

$$\alpha=-2,\qquad \beta=1,\qquad \gamma=2,\qquad \delta=-1.$$

$$\lg x=-2\log z+\log(z+1)+\log(z^2-z+1)+c;$$

$$z^3+1=C\,x\,z^2;\; y^3+x^3-Cy^2x^2=0.$$

5) $(x+y)^2\,y'=a^2;\quad x+y=u$ an Stelle von x gewählt:

$$(x+y)^2\cdot dy-a^2\,dx=u^2\cdot dy-a^2\,(du-dy)=0$$

$$dy-\frac{a^2}{u^2+a^2}\cdot du=0;\qquad y-a\cdot\operatorname{arctg}\frac{u}{a}=c;$$

$$\frac{u}{a}=\operatorname{tg}\frac{y-c}{a};\qquad x=-y+a\cdot\operatorname{tg}\frac{y-c}{a}.$$

6) $\qquad (x^2+y^2+4)\cdot dy+4xy\,dx=0;$

$\dfrac{\partial Q}{\partial x}-\dfrac{\partial P}{\partial y}=2x-4x=-2x.$ Gemäß (2) und (3) ergibt sich

$$\mu=e^{-\int\frac{1}{2y}\cdot dy}=y^{-\frac{1}{2}}$$

als integrierender Faktor;

$$4x\sqrt{y}\,dx+(x^2+y^2+4)\,(\sqrt{y})^{-1}\,dy$$
$$=d\left(2\cdot\left(x^2+\frac{y^2}{5}+4\right)\cdot\sqrt{y}\right)=0;$$

$$\sqrt{y}\,(5x^2+y^2+20)=c.$$

Substitution $x^2=u,\; y^2=v$ führt zu einer Gleichung der Art 8). Es ist natürlich nicht nötig, das Integral in expliziter Form hinzustellen. Vielfach ist die explizite Darstellung aber zweckmäßig, wenn die geometrische Gestalt der Integralkurven erkannt werden soll.

7) $\quad (y+1)\,dx-(2xy+2x+y^3+1)\,dy=0.$

$y+1$ ist gemeinsamer Faktor, also $y+1=0$ ein singuläres Integral. Die Gleichung ist linear, wenn man y als unabhängig und x als Funktion von y ansieht: $\frac{dx}{dy} - 2x = y^2 - y + 1$. Das allgemeine Integral ist

$$x = e^{2y} \int e^{-2y} (y^2 - y + 1)\, dy + C \cdot e^{2y}.$$

Partielle Integration ergibt

$$2x + y^2 + 1 + C \cdot e^{2y} = 0$$

8) $$(x + 2y + 1) \cdot dx + (2x + 3y) \cdot dy = 0.$$

Um die Gleichung homogen zu machen, hat man den Schnittpunkt der beiden Geraden $x + 2y + 1 = 0$, $2x + 3y = 0$ auszurechnen: $x_0 = 3$, $y_0 = -2$. Für $\bar{x} = x - 3$, $\bar{y} = y + 2$ ergibt sich $(\bar{x} + 2\bar{y}) \cdot d\bar{x} + (2\bar{x} + 3\bar{y}) \cdot d\bar{y} = 0$.

Die Querstriche lassen wir jetzt weg; $z = y : x$

$$(1 + 2z)\, dx + (2 + 3z)(x\, dz + z\, dx) = 0$$

$$\frac{dx}{x} + \frac{3z + 2}{(3z + 1) \cdot (z + 1)} \cdot dz = 0$$

$\log\left(x^2 \cdot (3z + 1) \cdot (z+1)\right) = c.$ $(y + x)(3y + x) = C.$

Fügt man nun die Querstriche wieder hinzu, so ergibt sich

$$(x + y - 1)(x + 3y + 3) = C.$$

9) $$\left(5 e^{3x} \sin(4x + 3y + \gamma) - 4(x + y)\right) dx + \left(3 e^{3x} \cos(4x + 3y) - 4(x + y)\right) dy = 0.$$

γ bedeutet den Winkel, für den $\cos\gamma = \frac{3}{5}$, $\sin\gamma = \frac{4}{5}$ ist,

$$P_y = 15 e^{3x} \cos(4x + 3y + \gamma) - 4$$

$$Q_x = 9 e^{3x} \cos(4x + 3y) - 12 e^{3x} \sin(4x + 3y) - 4.$$

Das Additionstheorem der cos-Funktion liefert $P_y = Q_x$. Die Gleichung ist also total.

$$c = z(x, y) = \int_0^x \left(5e^{3t} \sin(4t + \gamma) - 4t\right) dt + \int_0^y \left(3 e^{3x} \cos(4x + 3t) - 4(x + t)\right) dt.$$

Durch partielle Integration gewinnt man

$$\int e^{ax} \cdot {\sin \atop \cos} (bx + c)\, dx$$
$$= \left(\frac{e^{ax}}{a} \cdot {\sin \atop \cos} (bx + c) \mp \frac{b}{a^2} \cdot e^{ax} \cdot {\cos \atop \sin} (bx + c) \right) \cdot \frac{a^2}{a^2 + b^2}.$$

Daher $z(x, y) = e^{3x} \sin (4x + 3y) - 2(x + y)^2 = c$ das allgemeine Integral.

§ 2. Ergänzungen zur Theorie. Weitere integrable Typen

Bemerkung: Ist $\varphi(x, y) = c$ das allgemeine Integral einer Diffgl. $M\,dx + N\,dy = 0$, ist ferner $\mu(x, y)$ ein integrierender Faktor, so ist auch $\mu \cdot w(\varphi)$ ein solcher, wobei w eine willkürliche differenzierbare Funktion einer Variablen bedeutet.

Beweis:

$$\frac{\partial}{\partial y} (\mu\, w(\varphi)\, M) = w(\varphi)\, \frac{\partial}{\partial y} (\mu\, M) + \mu\, M\, w'(\varphi)\, \frac{\partial \varphi}{\partial y}$$
$$\frac{\partial}{\partial x} (\mu\, w(\varphi)\, N) = w(\varphi)\, \frac{\partial}{\partial x} (\mu\, N) + \mu\, N\, w'(\varphi)\, \frac{\partial \varphi}{\partial x}.$$

Nach Voraussetzung ist offenbar $M \dfrac{\partial \varphi}{\partial y} - N \dfrac{\partial \varphi}{\partial x} = 0$ und $\dfrac{\partial}{\partial x} (\mu\, N) = \dfrac{\partial}{\partial y} (\mu\, M)$.

Die linken Seiten sind also gleich. Sind das alle Multiplikatoren? Ja, wie in G. D. S. 14 gezeigt.

1) Für jede Diffgl.

$$\alpha x\, dy + \beta y\, dx + x^m y^n \cdot (ax\, dy + by\, dx) = 0$$

läßt sich ein integrierender Faktor finden. Weg zur Lösung: Man stelle die Multiplikatoren μ_1 von $\alpha x\, dy + \beta y\, dx = 0$ auf, ebenso die von $ax\, dy + by\, dx = 0$ (μ_2 genannt). Die auftretenden willkürlichen Funktionen lassen sich so bestimmen, daß $\mu_1 = x^{-m} \cdot y^{-n} \cdot \mu_2$ wird. Dieses μ_1 ist dann Multiplikator der gegebenen Gleichung. Ergebnis:

$$\mu = y^{\left(\frac{\alpha}{\beta}-1\right)(\gamma+1)} x^{\left(1-\frac{\beta}{\alpha}\right)\gamma}$$

$$\text{mit } \gamma = \frac{\alpha(-\alpha b + a\beta - nb\beta + ma\beta)}{(a\beta - b\alpha)(\beta - \alpha)} .$$

2) Jacobische Differentialgleichung:

$$y' = \frac{y \cdot (a_1 x + b_1 y) - (a_3 x + b_3 y + c_3)}{x \cdot (a_1 x + b_1 y) - (a_2 x + b_2 y + c_2)} .$$

Symmetrischer geschrieben: $(a_1 x + b_1 y)\ (x\,dy - y\,dx) - (a_2 x + b_2 y + c_2)\,dy + (a_3 x + b_3 y + c_3)\,dx = 0$.
Durch eine Verschiebung $\bar{x} = x - x_0$, $\bar{y} = y - y_0$ versucht man die Koeffizienten homogen zu machen. Die Querstriche fortgelassen, ergibt sich bei Ordnung der Glieder nach dem Grade in x, y, dx, dy: $(a_1 x + b_1 y)\ (x\,dy - y\,dx) - dy\,(a_2 x + b_2 y - a_1 x_0 x - b_1 y_0 x - a_1 x x_0 - b_1 y x_0 + a_2 x_0 + b_2 y_0 + c_2 - a_1 x_0^2 - b_1 y_0 x_0) + dx \cdot (a_3 x + b_3 y - a_1 x_0 y - b_1 y_0 y - a_1 x y_0 - b_1 y\,y_0 + a_3 x_0 + b_3 y_0 + c_3 - a_1 x_0 y_0 - b_1 y_0^2) = 0$.
Es soll also sein:

$$a_2 x_0 + b_2 y_0 + c_2 - x_0 \cdot (a_1 x_0 + b_1 y_0) = 0$$
$$a_3 x_0 + b_3 y_0 + c_3 - y_0 \cdot (a_1 x_0 + b_1 y_0) = 0 .$$

Das sind zwei Gleichungen für die Unbekannten x_0, y_0, beide quadratisch in x_0, y_0. Ein eleganter Lösungsweg geht so: Zur Abkürzung wird gesetzt $a_1 x_0 + b_1 y_0 = \lambda$.

Die beiden Gleichungen werden

$$(a_2 - \lambda)\,x_0 + b_2 y_0 + c_2 = 0$$
$$a_3 x_0 + (b_3 - \lambda)\,y_0 + c_3 = 0 .$$

Dazu tritt als dritte $a_1 x_0 + b_1 y_0 - \lambda = 0$.
Das sind drei homogene Gleichungen mit der Lösung $x_0, y_0, 1$. Die Determinante muß also Null sein

$$\begin{vmatrix} a_2 - \lambda & b_2 & c_2 \\ a_3 & b_3 - \lambda & c_3 \\ a_1 & b_1 & -\lambda \end{vmatrix} = 0.$$

Das ist eine kubische Gleichung für λ. Seien a, b, c reell. Die Gleichung hat eine reelle Wurzel λ. Diese wählen wir. Aus zwei Gleichungen bestimmen sich dann x_0 und y_0, falls der Rang der aus den ersten beiden Kolonnen gebildeten Matrix 2 ist.

Nach Ausführung der Transformation ergibt sich (wenn A und B gewisse Konstante bedeuten)

$$(a_1 x + b_1 y)(x\,dy - y\,dx) - dy\,(A_2 x + B_2 y) + dx\,(A_3 x + B_3 y) = 0.$$

Division durch x und Einführung von $z = y : x$ liefert

$$(a_1 + b_1 z)\,x^2\,dz - (x\,dz + z\,dx)\cdot(A_2 + B_2 z) + dx\,(A_3 + B_3 z) = 0.$$

Das ist eine Bernoulligleichung für x als Funktion von z

$$\frac{dx}{dz}(A_3 + B_3 z - A_2 z - B_2 z^2) - x\,(A_2 + B_2 z) + x^2\,(a_1 + b_1 z) = 0,$$

woraus sich auf bekannte Art (G. D. S. 19) das allgemeine Integral ergibt.

2/1) Es ist die Bedingung für die Funktion f zu finden, damit das allgemeine Integral von $y' = f(x, y)$ eine Schar von Parallelkurven ist. Die Differentialgleichung läßt sich dann durch eine Quadratur integrieren.

2/2) Zum Begriff der homogenen Funktionen: Wenn für eine nicht identisch verschwindende Funktion F die Identität besteht

$$F(xt, yt) = F(x, y)\cdot\varphi(t),$$

so ist $\varphi(t)$ eine Potenz von t, etwa t^a. F heißt dann homogen vom Grade a. Von φ braucht man nur anzunehmen, daß es nicht allzu unstetig ist. Kürzer wird der Beweis, wenn man eine Ableitung φ' zuläßt und F ebenfalls differenzierbar ist. —

(Gilt für $F(x, y)$ die Eulersche Identität $F_x \cdot x + F_y \cdot y = a \cdot F$, so ist F homogen vom Grade a).

2/3) Damit $dy - f(x, y)\,dx = 0$ einen Multiplikator $\mu(x)$ besitzt, ist notwendig und hinreichend, daß f linear in y ist.

2/4) Für die Trennbarkeit der Variablen ist das Bestehen der Relation $f_x \cdot f_y = f \cdot f_{xy}$ notwendig und hinreichend.

2/5) Wo liegen die Wendepunkte der Integralkurven von $y' = f(x, y)$?

2/6) Ist $M(x, y)\,dx + N(x, y)\,dy = 0$ eine homogene Diffgl., so ist $1 : (M \cdot x + N \cdot y)$ ein Multiplikator, falls der Nenner nicht identisch Null ist. Umgekehrt: ist dieser Quotient ein Multiplikator, so ist $M : N$ eine homogene Funktion vom Grade 0.

2/7) $\left(y\,(x^2 + y^2) - xy\right) dx + x^2\,dy = 0$.

Lösungen

2/1) Es gibt einen Richtungsfaktor m, so daß für die Punkte einer Geraden dieser Richtung y' denselben Wert hat:

$$f(x, y) = f(x + t, y + m\,t) \quad \text{oder} \quad f_x + f_y \cdot m = 0.$$

Für $m = \infty : f_y = 0$. Durch eine Drehung des Koordinatensystems läßt sich $m = \infty$ erreichen. $y' = F(x)$ erfordert nur eine Quadratur.

2/2) $F_x(xt, yt)\;x + F_y(xt, yt)\;y = F(x, y) \cdot \varphi'(t)$.

$$F_x(xt, yt) \cdot t = F_x(x, y)\;\;\varphi(t);\;\; F_y(xt, yt)\;\;t = F_y(x, y) \cdot \varphi(t).$$

$$\varphi(t) \cdot (F_x(x, y) \cdot x + F_y(x, y)\;\;y) = F(x, y)\;\;t \cdot \varphi'(t).$$

Da die Klammer von t unabhängig ist, so folgt $\dfrac{t \cdot \varphi'(t)}{\varphi(t)} = a$

$\varphi(t) = c \cdot t^a$; $c = 1$, da wegen $F(x, y) = F(x, y)\;\varphi(1)$ sich $\varphi(1) = 1$ ergibt. $F(x, y)$ ist also eine homogene Funktion vom Grade a. Es ist ferner $F_x\;\;x + F_y\;\;y = a \cdot F$ (Eulersche Gleichung).

2. Beweis: $\varphi(1) = 1$. $F(xt_1 t_2, yt_1 t_2) = F(x, y) \cdot \varphi(t_1 t_2)$

$$F(xt_1 t_2, yt_1 t_2) = F(xt_1, yt_1) \cdot \varphi(t_2) = F(x, y) \cdot \varphi(t_1) \cdot \varphi(t_2).$$

Also: $\varphi(t_1) \cdot \varphi(t_2) = \varphi(t_1 t_2)$; $\log \varphi(t) = \psi(\tau)$; $\log t = \tau$.

$$\psi(\tau_1) + \psi(\tau_2) = \psi(\tau_1 + \tau_2).$$

Außer $\psi(x) = a\;\;x$ kann es keine Lösung geben, wenn man nur z. B. Beschränktheit in irgendeinem Intervall verlangt. Daraus folgt

$$\varphi(t) = t^a.$$

2/3) Es muß (G. D. S. 12) $\mu'(x) = -\mu(x) \cdot f_y(x, y)$ sein. Das heißt f_y unabhängig von y.

2/4) Ist $f(x, y) = \varphi(x) \cdot \psi(y)$, so ist $f_x \cdot f_y = \varphi'(x) \cdot \psi'(y) \cdot \varphi(x) \cdot \psi(y)$ und $f_{xy} = \varphi'(x) \cdot \psi'(y)$, also $f_x\ f_y = f_{xy}\ f$. Umgekehrt folgt hieraus: $f_x : f = (f_y)_x : f_y$, also $\log(f_y : f) = \psi_1(y)$; $f_y : f = \psi_2(y)$; $\log f = \psi_3(y) + \varphi_1(x)$; $f = \psi(y)\ \varphi(x)$.

2/5) $y'' = f_x + f_y\ y' = f_x + f_y \cdot f = \varphi(x, y)$. Der geometrische Ort ist in $\varphi(x, y) = 0$ enthalten.

2/6) M und N seien homogen vom Grade a. $Mx + Ny \not\equiv 0$.

Behauptung: $\dfrac{\partial}{\partial y}\left(\dfrac{M}{M\,x + N\,y}\right) = \dfrac{\partial}{\partial x}\left(\dfrac{N}{Mx + Ny}\right)$.

Die Differentiation führt zu $N \cdot (x\,M_x + y\,M_y) = M\ (x\,N_x + y\,N_y)$; bei Beachtung der Eulerschen Identität (Aufgabe 2/3) sind beide Seiten $= a\,M\,N$. Ist umgekehrt $1 : (Mx + Ny)$ Multiplikator, so folgt also die Gleichung

$$(N \cdot M_x - M \cdot N_x) : (N \cdot M_y - M \cdot N_y) = -y : x;$$

$$\frac{\partial}{\partial x}\left(\frac{M}{N}\right) : \frac{\partial}{\partial y}\left(\frac{M}{N}\right) = -y : x\ ;\ x\ \frac{\partial}{\partial x}\left(\frac{M}{N}\right) + y \cdot \frac{\partial}{\partial y}\left(\frac{M}{N}\right) = 0\,.$$

Also ist $M : N$ homogen vom Grade 0, d. h. eine Funktion von $\dfrac{y}{x}$.

2/7) Die Gleichung ist weder exakt noch homogen. y ist Faktor im ersten Koeffizienten. Die Gestalt $y(x^2 + y^2 - x)dx + x^2\,dy = 0$ legt Multiplikation mit y und Einführung von $z = y^2$ nahe.

$$z\ \ (x^2 + z - x) \cdot dx + \frac{x^2}{2}\ dz = 0\,.$$

Das ist eine Bernoullische Gleichung für $z = z(x)$.

§ 3. Die allgemeine Differentialgleichung erster Ordnung

1) $$3y\,p^3 - 5p^2 + 7y - 3 = 0.$$

Eine Variable fehlt. Auflösung nach y ist zweckmäßig.

$$y = \frac{3 + 5p^2}{7 + 3p^3} = f(p);\ \ p = f'(p)\,\frac{dp}{dx}$$

$$x = \int \frac{f'(p)}{p}\,dp + c = \varphi(p) + c$$

$\{y = f(p);\ x = \varphi(p) + c\}$ ist das allgemeine Integral in Parameterform.

2) $$y^2(1+p^2)=1.$$

Hier ist es gleichgültig, ob man nach y oder p auflöst.

$$p^2=\frac{1}{y^2}-1;\quad p=\pm\frac{1}{y}\cdot\sqrt{1-y^2};\quad \pm\frac{y\cdot dy}{\sqrt{1-y^2}}=dx;$$

$$x=\pm\int\frac{y\,dy}{\sqrt{1-y^2}}+C=\mp\sqrt{1-y^2}+c.\quad (x-c)^2+y^2=1.$$

3) $$y^2\cdot(1+p^2)=G(x+y\,p).$$

Um das Argument von G zu vereinfachen, wird man $2\,z=x^2+y^2$ als unbekannte Funktion an Stelle von y wählen; $x+y\cdot p$ ist die Ableitung z'. Alsdann ist

$$2z-x^2+(z'-x)^2=G(z');\; z'^2-2z'x+2z=G(z').$$

Diese Gleichung ist linear in x und z. (Lagrangesche Gleichung.) Schreiben wir p und y an Stelle von z' und z.

$$2\,(y-px)=G(p)-p^2;$$

es ist sogar eine Clairautsche Gleichung.

$$2\,(y-c\,x)=G(c)-c^2$$

ist das allgemeine Integral.

$$\{2x=2p-G'(p);\; 2y=p^2-p\cdot G'(p)+G(p)\}:$$

Singuläres Integral. In ursprünglicher Bezeichnung ist x^2+y^2 an Stelle von $2y$ zu schreiben.

4) $$y-x\,p^2=p^2\,e^p.$$

Die Gleichung ist linear in x und y. Differenziert:

$$p-2px\cdot\frac{dp}{dx}-p^2=(2p\cdot e^p+p^2\cdot e^p)\cdot\frac{dp}{dx}$$

$$\frac{dp}{dx}\left(x\,2p+e^p\,(p^2+2p)\right)=p-p^2;\quad \frac{dx}{dp}=\frac{2x}{1-p}+e^p\cdot\frac{p+2}{1-p}.$$

Die lineare Differentialgleichung ergibt

$$x=(1-p)^{-2}\cdot\left(\int(1-p)\,e^p\,(2+p)\,dp+c\right).$$

Die Quadratur läßt sich durch partielle Integration erledigen.

$$\int e^p\cdot p\,dp=e^p\cdot p-\int e^p\cdot 1\,dp=e^p\cdot(p-1);$$

$$\int e^p\cdot p^2\cdot dp=e^p\cdot p^2-2\cdot\int e^p\cdot p\,dp=e^p\cdot(p^2-2p+2).$$

$$x = (1-p)^{-2}\,[c + e^p\,(1 + p - p^2)] = \varphi\,(p, c)$$

$y = \varphi\,(p, c) \cdot p^2 + p^2 \cdot e^p = \psi\,(p, c)$. Parameterdarstellung des allgemeinen Integrals.

5) $$(ax + b) \cdot p^2 - (\alpha x + \beta y) \cdot p + y = 0\,.$$

Die Gleichung ist linear in x und y.

$$y \cdot (1 - \beta p) + x \cdot (ap^2 - \alpha p) + bp^2 = 0\,.$$

Man dividiert durch $(1 - \beta p)$, differenziert nach p und erhält, da $\frac{1}{p}\frac{dy}{dp} = \frac{dx}{dp}$ ist, die folgende lineare inhomogene Diffgl. für $x(p)$

$$\frac{dx}{dp} = x \cdot \frac{2ap - \alpha}{p \cdot ((\beta - a)\,p + \alpha - 1)} + x \cdot \frac{\beta \cdot (ap - \alpha)}{(1 - \beta p) \cdot ((\beta - a)\,p + \alpha - 1)} + \frac{b\beta p}{(1 - \beta p)\,((\beta - \alpha)\,p + \alpha - 1)} + \frac{2b}{(\beta - a)\,p + \alpha - 1}\,.$$

Die zugehörige homogene lineare Gleichung ist für $\alpha \neq 1$, $\beta \neq a$:

$$\frac{du}{dp} = u \cdot \left(\frac{\varkappa_1}{p} + \frac{\varkappa_2}{(\beta - a)\,p + \alpha - 1} + \frac{\varkappa_3}{1 - \beta p}\right);\ \varkappa_1 = \frac{\alpha}{1 - \alpha};$$

$$\varkappa_2 = 2a - \beta - \frac{\alpha \cdot (\beta - a)}{1 - \alpha};\ \varkappa_3 = -\beta\,.$$

$$u = p^{\varkappa_1} \cdot ((\beta - a) \cdot p + \alpha - 1)^{\frac{\varkappa_2}{\beta - a}} \cdot (1 - \beta p)\,.$$

Für $\alpha = 1$, $\beta \neq a$:

$$|u|^{\beta - a} = e^{\frac{1}{p}}\,p^{\varkappa_3}\,(1 - \beta p)^{-\frac{\varkappa_4}{\beta}}\,,$$

für $\alpha = 1$, $\beta = a$: Clairautscher Typ.

Für $\alpha \neq 1$, $\beta = a$:

$$|u|^{\alpha-1} = e^{\beta p}\,|p|^{-\alpha}\,|1-\beta p|^{-\frac{\varkappa_5}{\beta}}.$$

Man findet jetzt $x = u \cdot \int u^{-1} \cdot \left(\frac{b\beta p}{(1-\beta p)\,((\beta-a)\,p+\alpha-1)}\right.$

$$\left. + \frac{2b}{(\beta-a)\,p+\alpha-1}\right) dp + c \cdot u.$$

Singuläre Lösungen sind die durch Division eventuell verlorengegangenen Lösungen. In Frage kommt:

$$p = 0;\quad (\beta - a)\,p + \alpha - 1 = 0;\quad 1 - \beta p = 0.$$

$p = 0$ ergibt aus der Diffgl. $y = 0$.
$(\beta - a)\,p + \alpha - 1 = 0$ ergibt ebenfalls eine Gerade.

Ist $1 - \beta p = 0$, so fehlt in der Diffgl. y. Einfaches allgemeines Integral.

6) Riccatische Differentialgleichung:

$$y'(x) + P(x) \cdot y^2 + Q(x) \cdot y + R(x) = 0.$$

Im allgemeinen ist eine solche Gleichung nicht durch Quadraturen zu integrieren. Kennt man aber irgendeine partikuläre Lösung y_1, so ist das allgemeine Integral durch Quadraturen zu finden.

Wir setzen $y = y_1 + z$ und erhalten $y_1' + z' + P \cdot y_1^2 + 2\,P \cdot y_1 z + P \cdot z^2 + Q \cdot y_1 + Q \cdot z + R = 0$.

$$z' + (2P \cdot y_1 + Q) \cdot z + P \cdot z^2 = 0.$$

Das ist eine Bernoullische Gleichung für z, womit die Behauptung erwiesen ist. z^{-1} genügt einer linearen Diffgl.

Deren allgemeines Integral sei $z^{-1} = U(x) + c \cdot u(x)$. Das allgemeine Integral der Riccatischen Gleichung hat dann die Gestalt

$$y = y_1 + \frac{1}{cu + U} = \frac{c \cdot v(x) + V(x)}{c \cdot u(x) + U(x)}.$$

Das allgemeine Integral einer Riccatischen Diffgl. ist also eine lineare rationale Funktion der Integrationskonstanten.

Es liegt nahe (analog zu einer algebraischen Gleichung), eine einfache Form zu finden, auf die sich jede Riccatische Gleichung durch Transformation zurückführen läßt. Wir werden zeigen, daß immer $P \equiv 1$, $Q \equiv 0$ angenommen werden kann. Um $P = 1$ zu erhalten, werden wir dafür sorgen, daß y' denselben Koeffizienten wie y^2 erhält. Wir setzen

$$y = u \cdot \bar{y}\,;\; u \cdot \bar{y}' + P \cdot u^2 \cdot \bar{y}^2 + (Qu + u') \cdot \bar{y} + R = 0.$$

Für $u = 1 : P$ erhalten wir nach Multiplikation mit P

$$\bar{y}' + \bar{y}^2 + \left(Q - \frac{P'}{P}\right) \cdot \bar{y} + R \cdot P = 0.$$

$$\bar{y}' + \left(\bar{y} + \frac{1}{2} \cdot \left(Q - \frac{P'}{P}\right)\right)^2 - \frac{1}{4} \cdot \left(Q - \frac{P'}{P}\right)^2 + R \cdot P = 0$$

$$z = \bar{y} + \frac{1}{2} \cdot \left(Q - \frac{P'}{P}\right).$$

$$z' + z^2 + R \cdot P - \frac{1}{4} \cdot \left(Q - \frac{P'}{P}\right)^2 - \frac{1}{2} \cdot \left(Q - \frac{P'}{P}\right)' = 0.$$

Damit haben wir die behauptete Standardform erhalten

$$z' + z^2 + S(x) = 0.$$

Sind die Nullstellen von P, die ja bei der vorausstehenden Umformung stören, sehr unangenehm, so beachte man, daß für $y_1 = y^{-1}$ die Riccatische Gleichung übergeht in $y_1' - R \cdot y_1^2 - Q \cdot y_1 - P = 0$, für die man dann die obenstehende Umformung ausführt. $-R$ tritt an Stelle von P.

3/1) Kennt man zwei partikuläre Lösungen y_1, y_2 der Riccatischen Gleichung, so ist das allgemeine Integral durch eine einzige Quadratur gegeben.

$$\frac{y - y_1}{y - y_2} \cdot e^{\int P \cdot (y_1 - y_2)\, dx} = c.$$

3/2) Kennt man drei partikuläre Integrale, so ist das allgemeine Integral ohne Quadratur gegeben:

$$\frac{y - y_2}{y - y_3} : \frac{y_1 - y_2}{y_1 - y_3} = c.$$

Daraus läßt sich unmittelbar ablesen: Das harmonische Verhältnis von irgend vier Lösungen ist konstant.

Invarianz der Riccatischen Gleichung:

3/3) Eine Riccati-Gleichung geht bei der Transformation

$$y = \frac{a(x)\cdot\eta + b(x)}{\alpha(x)\cdot\eta + \beta(x)}, \quad x = w(\xi)$$

in eine Riccatische über.

Lösungen

3/1) und 3/2) $\nu = 1, 2.$ $z_\nu = y - y_\nu$. Es ist

$$z'_\nu + (2P\ y_\nu + Q)\ z_\nu + P\cdot z_\nu^2 = 0.$$

Daraus: $z_2 z'_1 - z_1 z'_2 + 2P\cdot(y_1 - y_2)\cdot z_1 z_2 + P\cdot z_1 z_2\cdot(z_1 - z_2) = 0.$

Wegen $z_1 - z_2 = y_2 - y_1$ folgt $\left(\frac{z_1}{z_2}\right)' + P\cdot\left(\frac{z_1}{z_2}\right)\cdot(y_1 - y_2) = 0,$ woraus sich unmittelbar die Behauptung ergibt, die sofort zur Lösung von 3/2) führt.

3/3)

$$y' = \frac{(\alpha\eta+\beta)\ (a'\eta + b' + a\cdot\eta') - (a\eta + b)(\alpha\eta' + \beta + \alpha'\eta)}{(\alpha(x)\cdot\eta + \beta(x))^2} = \frac{Z_1}{N^2};$$

$$y = \frac{Z}{N}. \quad \eta' = \frac{d\eta}{d\xi}\cdot\frac{d\xi}{dx} = \frac{d\eta}{d\xi}\ \frac{1}{w'(\xi)}.$$

Aus der alten Riccatischen Gleichung wird $Z_1 + P\cdot Z^2 + Q\cdot ZN + R\ N^2 = 0.$

Z_1 ist linear in η', quadratisch in η; Z und N linear in η. Daraus wird ersichtlich, daß die neue Differentialgleichung wieder eine Riccatische ist.

§ 4. Singuläre Lösungen

Sei $F(x, y, p) = 0$ die gegebene Differentialgleichung. Das durch die beiden Gleichungen $F = F_p = 0$ definierte Kurvengebilde wird p-Diskriminante genannt. Damit eine zu diesem Gebilde gehörige Kurve eine (singuläre) Lösung darstellt, muß die Gleichung $F_x + F_y\cdot p = 0$ ebenfalls gelten, wobei noch gleichzeitiges Verschwinden von F_x und F_y ausgeschlossen wird. Was stellt nun für $F_x + F_y\cdot p \neq 0$ die p-Diskriminante dar? Es wird sich zeigen, daß sie dann im allgemeinen Ort der Spitzen der Integralkurven ist. Vorausgesetzt wird dabei, daß F und ebenso F_p als Funktion dreier Veränderlicher bei Entwicklung in eine Taylorreihe stets ein Restglied haben, das von höherer Ordnung klein ist als die entwickelten Glieder. Sei x_0, y_0, p_0 ein Element, für das $F = F_p = 0$ ist. Dann läßt sich schreiben

$$F = F_x^0 \cdot (x - x_0) + F_y^0 \cdot (y - y_0) + \left(\frac{\partial^\varkappa F}{\partial p^\varkappa}\right)^0 \cdot \frac{1}{\varkappa!} \cdot (p - p_0)^\varkappa + \cdots,$$

wenn angenommen wird, daß F als Funktion von p in x_0, y_0, p_0 von der $\varkappa$ten Ordnung klein wird. F^0 bedeutet dabei $F(x_0, y_0, p_0)$. Längs einer mit $p = p_0$ durch x_0, y_0, gehenden Ikurve ist $y - y_0 = (x - x_0) \cdot p_0 + R(x)$, und es ist $\frac{dR}{dx} = p - p_0$, also ist $\lim\limits_{x \to x_0} R : (x - x_0) = 0$. Mithin ist längs der Ikurve

$$0 = F = (F_x^0 + p_0 \cdot F_y^0)\,(x - x_0) + F_y^0 \cdot R + \left(\frac{\partial^\varkappa F}{\partial p^\varkappa}\right)^0 \cdot \frac{1}{\varkappa!} \cdot (p - p_0)^\varkappa + \cdots.$$

Ist nun $F_y^0 + p_0 \cdot F_x^0 \neq 0$, so muß, weil R und das nicht hingeschriebene Restglied von höherer als erster Ordnung klein sind, die Größe $(p - p_0)^\varkappa$ klein von der ersten Ordnung in $(x - x_0)$ sein.

$$(p - p_0)^\varkappa = (x - x_0)\bigl(a + r(x)\bigr) \text{ mit } a \neq 0, \quad r(x) \to 0 \text{ für } x \to x_0$$

$$p - p_0 = (x - x_0)^{\frac{1}{\varkappa}}\,(a' + r_1(x))$$

und nach Integration:

$$y - y_0 = (x - x_0)p_0 + (x - x_0)^{1 + \frac{1}{\varkappa}}\,(a_1 + r_2(x)), \quad a_1 \neq 0.$$

Für den gewöhnlichen Fall $\varkappa = 2$ zeigt sich also: die Integralkurve hat eine Spitze in x_0, y_0. Wie geht die p-Diskriminante durch diese Spitze? Es ist $F = F_x^0 \cdot (x - x_0) + F_y^0 \cdot (y - y_0)$

$$+\frac{p-p_0}{2!}\cdot\left(\left(\frac{\partial^2 F}{\partial x\partial p}\right)^0\cdot(x-x_0)+\left(\frac{\partial^2 F}{\partial y\partial p}\right)^0(y-y_0)\right)+\cdots;$$

der Rest ist von mindestens zweiter Ordnung, entweder in $(x-x_0)$ oder $(y-y_0)$ oder $(p-p_0)$. Man sieht daraus bereits, daß die p-Diskriminante in erster Annäherung durch die Gerade

$$F_x^0\cdot(x-x_0)+F_y^0\cdot(y-y_0)=0$$

gegeben ist. Für $F_x^0+F_y^0\cdot p_0\neq 0$ hat also die p-Diskriminante eine von der Integralkurve verschiedene Tangente. Für $\varkappa>2$ gilt eine ähnliche Betrachtung. Das Wort „Spitze" muß dann durch „mehrfacher Punkt mit gemeinsamer Tangente" ersetzt werden. Geometrisch kann das natürlich von dem Bilde der Spitze abweichen. Zu achten ist übrigens noch auf die Punkte der Integralkurve, wo $p=\infty$ wird. Man transformiert $\bar{y}=x$, $\bar{x}=y$. Es wird $\bar{p}=p^{-1}$; man bildet die $\bar{p}$-Diskriminante und rechnet sie für gewöhnlich zur p-Diskriminante der nichttransformierten Gleichung.

1. Beispiel: $x^2\cdot p^2-y^2=0;\quad p=\pm\frac{y}{x};\quad \frac{dy}{y}=\pm\frac{dx}{x};$

$$x\cdot y=c \quad\text{und}\quad \frac{y}{x}=c.$$

Geraden durch Nullpunkt und Hyperbeln. $F=x^2p^2-y^2=0$, $F_p=2px^2=0$ führt zu $y=0$. Das ist eine singuläre Lösung. Aber auch $x=0$ ist eine singuläre Lösung, wie aus der Symmetrie ersichtlich ist. Schreibt man $\bar{x}^2-\bar{p}^2\cdot\bar{y}^2=0$, so ist $\bar{y}=x=0$ in der $\bar{p}$-Diskriminante enthalten. Weder $x=0$ noch $y=0$ ist Einhüllende; beide Kurven sind vielmehr zweifach als Lösung zu zählen. $(xp+y=0;\ xp-y=0)$.

2. Beispiel. $F=p^3-4xyp+8y^2=0;\quad F_p=3p^2-4xy=0.$

$p^2=\frac{4}{3}xy$ gibt in $F=0:\ 2\cdot\sqrt{\frac{xy}{3}}\cdot\left(\frac{4xy}{3}-4xy\right)+8y^2=0.$

$y^{\frac{3}{2}} \cdot (3 \cdot \sqrt{3y} - 2x\sqrt{x}) = 0$. $y = 0$ ist eine singuläre Lösung, da $F_x^0 + F_y^0 \cdot p_0$ an der Stelle x beliebig, $y_0 = 0$, $p_0 = 0$ Null ist. $27\,y = 4\,x^3$ ist ebenfalls eine Lösung. Das allgemeine Integral der Gleichung — wir zeigen sogleich, wie man es findet — ist $y = c \cdot (x - c)^2$. Die c-Diskriminante einer Kurvenschar $\Phi(x, y, c) = 0$ ist die Gesamtheit der Punkte $\Phi = \Phi_c = 0$. In unserem Falle $(x - c)^2 - 2c \cdot (x - c) = 0$, $c \cdot (x - c)^2 - y = 0$.

Für $x - c = 0$ folgt $y = 0$, die schon oben erhaltene singuläre Lösung. Aus $x - 3c = 0$ ergibt sich $27y = 4x^3$, die andere singuläre Lösung. Daß sie Lösungen sind, ist gemäß G. D. S. 35 sicher (weder $\Phi_x = \Phi_y$ noch $\frac{\partial^2 \Phi}{\partial c^2}$ ist Null).

Wie integriert man die Gleichung $p^3 - 4xy \cdot p + 8y^2 = 0$? Die Gestalt der Gleichung läßt die Möglichkeit offen, durch Multiplikation mit einer Potenz von y eine Vereinfachung zu erzielen. Mit y^α multipliziert, ergibt sich $p^3 y^\alpha - 4xp \cdot y^{\alpha+1} + 8y^{\alpha+2} = 0$. $(\alpha + 2) \cdot p \cdot y^{\alpha+1}$ ist Ableitung von $y^{\alpha+2}$. Soll die Substitution $z = y^{\alpha+2}$ eine Vereinfachung bringen, so wird $p^3 y^\alpha = z'^3$ sein müssen (bis auf einen konstanten Faktor). Das heißt $3\alpha + 3 = \alpha$, $\alpha = -3/2$. Die ursprüngliche Gleichung nimmt nach Multiplikation mit $y^{-\frac{3}{2}}$ und Substitution $z = y^{2-\frac{3}{2}} = \sqrt{y}$ die Gestalt an $z'^3 \cdot 8 - 8x \cdot z' + 8z = 0$; die Gleichung ist linear in z und x. (Clairaut) $z - xz' + z'^3 = 0$.

Das übliche Verfahren führt zu dem angegebenen allgemeinen Integral.

3. Beispiel. $F = p^3 - 3y^2 = 0$; $F_p = 3p^2 = 0$, $p = 0$. p-Diskriminante: $y = 0$; längs dieser Kurve ist $F_x + F_y \cdot p = 0$. $y = 0$ ist eine singuläre Lösung. Allgemeines Integral:

$$\frac{p^3}{y^2} = \left(\frac{d}{dx}\left(3y^{\frac{1}{3}}\right)\right)^3 = 3;\ 3y^{\frac{1}{3}} = \sqrt[3]{3}\,(x + c)$$

$$9y = (x + c)^3;$$

$y = 0$ ist im allgemeinen Integral nicht enthalten. Man zeichne das Kurvenbild. – c-Diskriminante: aus $\Phi = (x + c)^3 - 9y = 0$, $\Phi_c = 3 \cdot (x + c)^2 = 0$ folgt $y = 0$.

4. Beispiel. $F = (6y^2 - 14y + 6)^4 \cdot p^4 - 256y(y - 1)^2 \cdot (2 - y)^3 = 0$.

Es fehlt x. Als allgemeines Integral ergibt sich: $\Phi \equiv (x + c)^4 - y^3 (y - 1)^2 (2 - y) = 0$. p-Diskriminante:

$$F_p = 4p^3 \cdot (6y^2 - 14y + 6)^4 = 0; \quad F = 0.$$

Aus $p = 0$ folgt: Die Geraden $y = 0$, $y = 1$, $y = 2$ gehören zur p-Diskriminante. Sie sind auch Lösungen, wie man aus $F = 0$ erkennt. Im allgemeinen Integral sind sie nicht enthalten. Es ist für sie $F_x + F_y \cdot p = 0$ erfüllt. $6y^2 - 14y + 6 = 0$ erfüllt nicht $F = 0$. Man kann diese beiden Geraden aber zur p-Diskriminante rechnen; sie gehören nämlich zur q-Diskriminante der Gleichung $F_1(x, y, q) = q^4 \cdot F(x, y, q^{-1})$. – c-Diskriminante:

$$\Phi_c = 4 \cdot (x - c)^3 = 0, \quad \Phi = 0.$$

Es ergibt sich $y = 0$, $y = 1$, $y = 2$, also dieselben Geraden wie vorher; freilich in anderer Vielfachheit. Wie sieht das allgemeine Integral aus? Die Integralkurven sind geschlossene Ovale, die in $0 \leqq y \leqq 1$ oder $1 \leqq y \leqq 2$ liegen und diese Geraden berühren. Die Geraden $y = 0$, $y = 1$, $y = 2$ sind Einhüllende. Die beiden Geraden $6y^2 - 14y + 6 = 0$ sind Punkte, in denen sich zwei verschiedene Integralkurven berühren. Sie sind keine Lösungen, da der Pfeil des Richtungsfeldes ($p = \infty$) senkrecht zu ihnen steht. Diese Beispiele zeigen schon, wie mannigfaltig die geometrischen Beziehungen zwischen allgemeinem Integral, p- und c-Diskriminante sind, wie mannigfach damit auch die Beziehungen zwischen allgemeinem und singulärem Integral.

Auf eine Tatsache sei noch vor allem hingewiesen. Neben dem allgemeinen Integral $\Phi(x, y, c) = 0$ einer Differentialgleichung $F(x, y, p) = 0$ und den singulären Integralen

(p-Diskriminante) kann es noch eine kontinuierliche Schar anderer Integrale geben, die sich stückweise aus Kurvenstücken des allgemeinen Integrals und singulärer Integrale zusammensetzen. In der Tat nehmen wir an, daß es eine singuläre Lösung gibt, die Einhüllende einer Lösungsschar ist. Wir verfolgen eine spezielle Kurve der Lösungsschar bis zu ihrem Berührungspunkt P^* der Enveloppe, gehen diese Enveloppe ein Stück lang, etwa bis P^{**} und wandern nunmehr wieder die spezielle Kurve der Lösungsschar weiter, die in P^{**} die Enveloppe berührt. Die so beschriebene Kurve ist offenbar eine Lösung der Differentialgleichung, denn sie besitzt überall eine stetige Tangente, die in das Richtungsfeld paßt. Besonders anschaulich wird diese Tatsache im Falle der Clairautschen Gleichung.

Aufgaben

Man stelle die zugehörige Differentialgleichung auf und diskutiere p- und c-Diskriminante.

4/1 u. 2) $2c \cdot (y - 2cx^2) - 1 = 0$; $(y + c)^2 = x^2 - x^3$.

4/3) Wie findet man die c-Diskriminante, wenn das allgemeine Integral in Parameterform $x = x(t, c)$, $y = y(t, c)$ gegeben ist?

4/4) $(2x - p)^2 + x\,(y - x^2)^2\,(2x - p) + (y - x^2)^3 = 0$. Man integriere und diskutiere p- und c-Diskriminante.

4/5)
$$y - x^3 y^2 - x - p^2\,(1 - 2x^3 y)^2 + 6x^2 y^2 p \cdot (1 - 2x^3 y) - 9x^4 y^4 + \frac{2}{3}\,p^3\,(1 - 2x^3 y)^3 - 6p^2\,(1 - 2x^3 y)^2 x^2 y^2 + 18x^4 y^4\,(1 - 2x^3 y)\,p - 18x^6 y^6 = 0.$$

Lösungen

4/1) Durch Elimination von c aus $\Phi = 0$ und $\Phi_x + \Phi_y \cdot p = 0$ ergibt sich $F \equiv xp^2 - 2yp + 4x = 0$. Es ist $F_p = 2xp - 2y = 0$.

p-Diskriminante: $x \cdot \left(\frac{y}{x}\right)^2 - 2y \cdot \frac{y}{x} + 4x = -\frac{y^2}{x} + 4x = 0.$
Geradenpaar $4x^2 - y^2 = 0$. Ferner $x = 0$ zur p-Diskriminante ($p = \infty$). c-Diskriminante: $\Phi_c = 2 \cdot (y - 2cx^2) - 4x^2 c = 2y - 8x^2$ $c = 0$ ergibt $c = \frac{y}{4x^2}$. Aus $\Phi = 0$ wird $\frac{y}{2x^2} \cdot \left(y - \frac{y}{2}\right) - 1 = \frac{y^2}{4x^2} - 1 = 0$; $x = 0$ gehört auch zur c-Diskriminante, wenn man $c = \infty$ zuläßt. Alle drei Geraden $x = 0$, $y = \pm 2x$ sind singuläre Lösungen. Für $y = \pm 2x$ ist auch in der Tat $F_x + F_y \cdot p = 4 - p^2 = 0$. Das allgemeine Integral sind Parabeln, die bei wachsendem positivem c immer näher an die positive y-Achse rücken, während ihr Scheitel auf dieser Achse immer näher an den Nullpunkt rückt. Die Geraden $y = \pm 2x$ sind Einhüllende dieser Schar, zu der man sie aber auch hinzurechnen kann ($c = 0$).

4/2) Durch Elimination von c aus $\Phi = 0$ und $\Phi_x + \Phi_y \cdot p = 0$ ergibt sich

$$F \equiv 4p^2 \cdot (x - 1) + (3x - 2)^2 = 0. \quad F_p = 8p \cdot (x - 1) = 0.$$

$p = 0$ führt zu $x = 2/3$; das ist keine Lösung. $x - 1 = 0$ ist Enveloppe der Lösungsschar. $\Phi_c = 2(y + c) = 0$ führt zu $x^3 - x^2 = 0$, d. h. zu $x = 0$ und $x = 1$. Nicht kommt hier vor $x = \frac{2}{3}$; auf $x = \frac{2}{3}$ berühren sich immer je zwei Integralkurven. $x = 0$ ist Ort von Knotenpunkten. (In $F = 0$ keine Besonderheit.)

4/3) $x = \varphi(t, c)$, $y = \psi(t, c)$ sei das allgemeine Integral. Eine nicht parametrige Darstellung des Integrals ergibt sich so: Es sollen nicht beide Ableitungen $\frac{dx}{dt}, \frac{dy}{dt}$ Null sein, etwa $\frac{dx}{dt} \neq 0$. Dann läßt sich $t = \chi(x, c)$ schreiben und

$$\Phi(x, y, c) \equiv y - \psi(\chi(x, c), c) = 0$$

ist das allgemeine Integral. Die c-Diskriminante ist zu finden.

$$-\Phi_c = \frac{\partial \chi}{\partial c} \cdot \psi_t + \psi^c = \psi_t \cdot \left(-\frac{\varphi_c}{\varphi_t}\right) + \psi_c = \frac{1}{\varphi_t} \cdot \begin{vmatrix} \varphi_t & \psi_t \\ \varphi_c & \psi_c \end{vmatrix} = 0.$$

φ_t war von Null verschieden. Also $\Phi_c = 0$ ist äquivalent mit $\Delta = \begin{vmatrix} \varphi_t & \psi_t \\ \varphi_c & \psi_c \end{vmatrix} = 0$. Die c-Diskriminante ergibt sich somit durch Elimination von c aus den drei Gleichungen $\Delta = 0$, $x = \varphi(t, c)$, $y = \psi(t, c)$ etwa auf folgende Weise: Ist $\Delta_c \neq 0$, so läßt sich aus $\Delta = 0$ gewinnen $c = c(t)$.

$x = \varphi(t, c(t))$, $y = \psi(t, c(t))$ ist die c-Diskriminante.

4/4) Offenbar vereinfacht die Substitution $u = y - x^2$;

$$u'^2 - x\ u^2 \cdot u' + u^3 = 0.$$

Die Gleichung ist linear in x. Sie wäre von Lagrangeschem Typ, wenn sie auch linear in der gesuchten Funktion wäre. Das erreichen wir bei Division durch u^4, indem wir $v = u^{-1}$ setzen.

$$v + v' \cdot x + v'^2 = 0.$$

Nach der bekannten Methode ergibt sich das allgemeine Integral

$$3x = -2\,p + c\,p^{-\frac{1}{2}};\quad 3v = -p^2 - c\sqrt{p}.$$

in alter Schreibweise

$$9\,y = \left(-2\,p + c\,p^{-\frac{1}{2}}\right)^2 - 27(p^2 + c\sqrt{p})^{-1};$$

$$3x = -2\,p + c\,p^{-\frac{1}{2}}.$$

Die p-Diskriminante

$$F_p = -2\,(2x - p) - x\,(y - x^2)^2 = 0;\ 2x - p = -\frac{x \cdot (y - x^2)^2}{2}.$$

Aus $F = 0$ wird

$$x^2\,(y - x^2)^4 - 2x^2\,(y - x^2)^4 + 4\,(y - x^2)^3 = 0,\ \text{d.h.}\ y - x^2 = 0$$

und $$4 - x^2\,(y - x^2) = 0;\quad y = \frac{4}{x^2} + x^2.$$

Die c-Diskriminante erhält man so:

$$3x(t, c) = -2\,t + 3\,ct^{-\frac{1}{2}};$$

$$y(t, c) = x^2(t, c) - \left(\frac{1}{3}\,t^2 + c\sqrt{t}\right)^{-1} = x^2 + v^{-1}$$

ist das allgemeine Integral.

$$\Delta = \begin{vmatrix} x^t & y_t \\ x_c & y_c \end{vmatrix} = \begin{vmatrix} x_t & 2x\,x_t \\ x_c & 2x\,x_c \end{vmatrix}$$

$$+ \begin{vmatrix} x_t & v^{-2}\left(\frac{2}{3}\,t + \frac{c}{2\sqrt{t}}\right) \\ x_c & v^{-2} \cdot \sqrt{t} \end{vmatrix} = v^{-2} \cdot \begin{vmatrix} x_t & \frac{2}{3}\,t + \frac{c}{2\sqrt{t}} \\ x_c & \sqrt{t} \end{vmatrix}$$

$$= v^{-2} \begin{vmatrix} -\frac{2}{3} - \frac{1}{2}\,c\,t^{-\frac{3}{2}}; & \frac{2}{3}\,t + \frac{c}{2}\,t^{-\frac{1}{2}} \\ t^{-\frac{1}{2}} \quad ; & t^{\frac{1}{2}} \end{vmatrix}$$

$$= -\left(\frac{1}{3}\,t^2 + c\sqrt{t}\right)^{-2} \cdot \left(\frac{4}{3}\sqrt{t} + ct^{-1}\right) = 0.$$

Daraus ergibt sich

$$1)\ v^{-1} = u = y - x^2 = 0.$$

$$2)\ 3c = -4 \cdot t^{\frac{3}{2}};\ \text{also}\ x(t) = -2t;$$

$$y(t) = x^2(t) - 3\,(t^2 - 4\,t^2)^{-1};\quad y = x^2 + \frac{4}{x^2}.$$

Das entspricht ganz der p-Diskriminante.

4/5) Wir setzen

$$u = y - x^3 y^2;\ \frac{du}{dx} = p \cdot (1 - 2x^3 y) - 3x^2 y^2.$$

Dann ist

$$u - x - \left(\frac{du}{dx}\right)^2 + \frac{2}{3}\left(\frac{du}{dx}\right)^3 = 0$$

eine Lagrangesche Gleichung.
Das allgemeine Integral:

$$x = -t^2 + c;\ u = -\frac{2}{3} \cdot t^3 + c;$$

in impliziter Form:

$$\Phi(x, u, c) \equiv (u - c)^2 - \frac{4}{9}\,(c - x)^3 = 0.$$

c-Diskriminante:

$$\Phi_c = -2\,(u - c) - \frac{4}{3} \cdot (c - x)^2 = 0;\ \Phi_c = 0,\ \Phi = 0$$

ist äquivalent mit $u - c = -\frac{2}{3} \cdot (c - x)^2$ und $\Phi = 0 \cdot$

$$(c - x)^4 - (c - x)^3 = 0$$

ergibt $c - x = 0$ und $c - x - 1 = 0$, also $c = x$ bzw. $c = x + 1$.
Das führt zu $u = x$ bzw. $u = x + \frac{1}{3}$. Diese beiden Geraden in der (u, x)-Ebene sind die c-Diskriminante.

Die p-Diskriminante berechnet man so:

$$F = u - x - P^2 + \frac{2}{3}\,P^3 = 0\,\left(P = \frac{du}{dx}\right);$$

$$F_p = -2\,P \cdot \frac{\partial P}{\partial p} + 2\,P^2\,\frac{\partial P}{\partial p} = 0$$

ergibt $P = 0$, $P = 1$ und $P_p = 1 - 2x^3 y = 0$

$P = 0$ führt zu $u - x = 0$. $P = 1$ ergibt $u - x - \frac{1}{3} = 0$.

Das sind singuläre Lösungen, die schon in der c-Diskriminante auftauchten. $1 - 2x^3\,y = 0$ ist keine singuläre Lösung.

§ 5. Berührungstransformationen

Um eine Gleichung $F(x, y, y') = 0$ integrieren zu können, erweist es sich vielfach als zweckmäßig, eine Transformation der Koordinaten vorzunehmen: $x = f(u, v)$, $y = g(u, v)$; mit $v' = \frac{dv}{du}$ ist dann $\frac{dy}{dx} = \frac{g_u du + g_v dv}{f_u du + f_v dv} = \frac{g_u + g_v v'}{f_u + f_v v'}$.

Die transformierte Gleichung ist

$$F\left(f(u, v),\ g(u, v),\ \frac{g_u + g_v v'}{f_u + f_v v'}\right) = G(u, v, v') = 0.$$

Bei zweckmäßiger Wahl der Transformation hat die Gleichung $G = 0$ eine einfachere Gestalt oder läßt sich unmittelbar in eine der integrablen Typen einordnen. Das allgemeine Integral

$$\Phi(u, v, c) = 0$$

führt durch die Umkehrtransformation

$$u = \varphi(x, y), \quad v = \psi(x, y)$$

sofort zum allgemeinen Integral

$$\Phi(\varphi, \psi, c) = \Psi(x, y, c) = 0,$$

der ursprünglichen Gleichung. Man kommt zu noch allgemeineren Transformationen, wenn man an die geometrische Bedeutung der Differentialgleichung $F(x, y, p) = 0$ denkt. Drei Werte (x, y, p), die dieser Gleichung genügen, bestimmen ein Linienelement, d. h. einen Punkt $P(x, y)$ und ein durch P gehendes Geradenstück beliebig kleiner Länge, dessen Lage durch den Wert des Richtungsfaktors p festgelegt ist. Eine Integralkurve ist eine kontinuierliche Schar von solchen Linienelementen $x(t)$, $y(t)$, $p(t)$, für die die Relation $dy - p\,dx = 0$ identisch in t erfüllt ist.

Denken wir uns jetzt eine Transformation

(4) $x = f(X, Y, P)$, $y = g(X, Y, P)$, $p = h(X, Y, P)$,

die umkehrbar sein soll

(4′) $X = \varphi(x, y, p)$, $Y = \psi(x, y, p)$, $P = \chi(x, y, p)$.

Die Differentialgleichung

(5) $$F(x, y, p) = 0$$

geht über in eine Gleichung

(5′) $$(F(f, g, h) =) \, G(X, Y, P) = 0.$$

(Der Fall $G_P \equiv 0$ soll vorläufig außer acht bleiben.)

Wie muß die Transformation beschaffen sein, damit jede Lösung von (5′) über (4′) zu einer Lösung von (5) führt und umgekehrt? Sei $X(t)$, $Y(t)$, $P(t)$ eine Lösung von (5′).

Es ist also (5′) und die Relation

(6′) $$dY - PdX = 0$$

identisch in t erfüllt. (4) führt zu drei Funktionen $x(t)$, $y(t)$, $p(t)$, die (5) von selbst erfüllen.

Damit sie eine Lösung definieren, muß also die Relation

(6) $$dy - pdx = 0$$

erfüllt sein. Damit haben wir eine erste Antwort: Damit bei einer Transformation (4, 4′) die Lösungen von (5, 5′) ineinander übergehen, ist notwendig und hinreichend, daß für jede Lösung (6) und (6′) äquivalent sind. Wir sind von einer Transformation (4, 4′) sicher, daß sie diese Eigenschaft für jede Diffgl. erfüllt, wenn identisch im (x, y, p)-Raume, d. h. für jede Kurve $x(t), y(t), p(t)$ eine Relation

(7) $$dY - PdX = \varrho(x, y, p) \cdot (dy - pdx)$$

besteht, wo ϱ eine nirgends verschwindende, sonst aber beliebige Funktion ist. Eine Transformation solcher Art heißt Berührungstransformation. Wir wollen nur einige solcher Transformationen kennenlernen, die es erlauben, eine Gleichung (5) in eine einfachere (5′) zu überführen, deren Integration sich unmittelbar ergibt. Aus dem allgemeinen Integral von (5′) läßt sich leicht das allgemeine Integral von (5) finden.

Sei etwa $\Phi(X, Y, c) = 0$ das allgemeine Integral von (5′). Daraus erhält man das allgemeine Integral von (5) durch Eliminationsprozesse. Die beiden Gleichungen

$$\Phi(X, Y, c) = \Phi(\varphi, \psi, c) = 0; \; f(x, y, p) = 0$$

sind in (x, y, p) zwei Gleichungen $\varphi_1(x, y, p, c) = 0$, $\varphi_2(x, y, p) = 0$, aus denen durch Elimination von p die Kurvenschar $\varphi_0(x, y, c) = 0$ folgt, die wegen (7) Lösungen von (5) darstellt. Es kann allerdings vorkommen, daß es zu (5′) Ikurven gibt, zu (5) aber nicht. Dann ist die Elimination von p aus $\varphi_1 = 0$, $\varphi_2 = 0$ nicht möglich.

Hier einige Berührungstransformationen:

1) $$X = p, \; P = x, \; Y = px - y; \quad (\varrho = -1)$$

2) $$X = x - yp, \; Y = y \cdot \sqrt{p^2 - 1}, \; P = \frac{-p}{\sqrt{p^2 - 1}} \quad \left(\varrho = -(p^2 - 1)^{-\frac{1}{2}}\right)$$

3) $$X = x + \frac{ap}{\sqrt{1 + p^2}}, \; Y = y - \frac{a}{\sqrt{1 + p^2}}, \; P = p \quad (\varrho = 1)$$

4) $$X = \frac{x}{p}, \; Y = y - \frac{xp}{2}, \; P = \frac{1}{2} \cdot p^2 \quad (\varrho = 1)$$

5) $$X = \frac{-p}{\sqrt{p^2 - 1}}, \; Y = \frac{y - px}{\sqrt{p^2 - 1}}, \; P = x - yp \quad \left(\varrho = \frac{1}{\sqrt{p^2 - 1}}\right).$$

Beispiele

1) $$y \cdot p = x \cdot f(y^2 - xyp); \; y^2 = z; \; \frac{z'}{2} = x \cdot f\left(z - \frac{x}{2} \cdot z'\right).$$

Sei wieder y statt z, p statt z' geschrieben. $p = 2x \cdot f\left(y - \frac{x}{2} p\right)$.

Die Berührungstransformation 4) ergibt $X^{-1} = 2 \cdot f(Y)$.

Wir haben hier den bisher nicht behandelten Fall, daß die Gleichung (5′) gar keine Diffgl. ist. Nun muß doch $dY - PdX = 0$ erfüllt sein. Aus $1 = 2\,X\,f(Y)$ ergibt sich

$$0 = f(Y) \cdot dX + X \cdot f'(Y) \cdot dY = dY \cdot \left(\frac{f(Y)}{P} + X \cdot f'(Y)\right).$$

Setzen wir die zweite Klammer gleich Null, so erhalten wir bei Integration wieder die Ausgangsgleichung $1 = 2\,X\,f(Y)$, also nichts Neues. Aus $dY = 0$ ergibt sich $Y = c$. Damit haben wir zwei Gleichungen $Y = c, 1 = 2\,X\,f(Y)$ gewonnen, die bei Zurückführung auf (x, y, p) und Elimination von p uns zum allgemeinen Integral in (x, y) führen.

$$Y = y - \frac{xp}{2} = c; \quad X = \frac{x}{p} = \frac{1}{2 \cdot f(c)}$$

$$p = \frac{(y - c)\,2}{x}, \quad p = 2x \cdot f(c)$$

$$y = x^2 \cdot f(c) + c$$

ist das allgemeine Integral der Gleichung $p = 2x \cdot f\left(y - \frac{x}{2} \cdot p\right)$; daher ist

$$y^2 = x^2 \cdot f(c) + c$$

das allgemeine Integral der ursprünglichen Gleichung. Das läßt sich hier auch direkt erzielen, indem in $\frac{z'}{2} = xf\left(z - \frac{x}{2}\,z'\right)$ $t = x^2$ gesetzt wird: $\frac{dz}{dt} = f\left(z - t\,\frac{dz}{dt}\right)$, $z - t\,\frac{dz}{dt} = g\left(\frac{dz}{dt}\right)$, woraus sich $z = tf(c) + c$ ergibt.

2) $$xy + xy \cdot p^2 + (yp - x) \cdot \sqrt{1 + p^2} + p^3 = 0.$$

Die Berührungstransformation (3) für $a = 1$ ergibt

$$(1 + P^2) \cdot (XY + P) = 0,$$

was zu

$$\Phi(X, Y, C) = Y - C \cdot exp\left(-\frac{X^2}{2}\right) = 0$$

führt. Zu dieser Gleichung schreiben wir

$$\Phi_X + \Phi_Y \cdot P = C \cdot X \cdot exp\left(-\frac{X^2}{2}\right) + P = 0.$$

Diese zwei Gleichungen sind in den alten Variablen zu schreiben und p zu eliminieren. Diese Elimination ist zwar möglich, aber schwieriger als der folgende Weg. Man schreibt beide Gleichungen in den drei Größen x, y, X und gewinnt daraus x, y als Funktionen von X.

$$x = X + \frac{C \cdot X \cdot exp\left(-\frac{X^2}{2}\right)}{\sqrt{1 + C^2 \cdot X^2 \cdot e^{-X^2}}},$$

$$y = C \cdot exp\left(-\frac{X^2}{2}\right) + \frac{1}{\sqrt{1 + C^2 \cdot X^2 \cdot e^{-X^2}}}$$

3) $4 + (y^2 - p^3 x) \cdot (1 + p^2) - 2\,(p^4 + 2y)\sqrt{1 + p^2} = 0.$

Die Berührungstransformation (3) für $a = 2$ führt zu

$$(\alpha) \qquad Y^2 - P^3 \cdot X = 0.$$

Trennung der Variablen ergibt

$$Y^{\frac{1}{3}} - \tfrac{1}{2} \cdot X^{\frac{2}{3}} = C.$$

Als zweite Gleichung tritt dazu (α). Aus

$$P^3 \cdot X = (C + \tfrac{1}{2} \cdot X^{\frac{2}{3}})^6$$

gewinnen wir bei Umschreiben auf die alten Variablen x als Funktion von p. Damit ist das allgemeine Integral in Parameterform gegeben.

4) $\qquad y - px + x^2 p - 2p^2 xy + y^2 \cdot p^3 = 0.$

Die Transformation (5) ergibt die einfache Gleichung

$$(\beta) \qquad Y - P^2 \cdot X = 0,$$

deren allgemeines Integral

$$\sqrt{Y} \mp \sqrt{X} = C$$

zusammen mit (β) in x, y, p das allgemeine Integral der ursprünglichen Gleichung implizit ergibt. Beide Gleichungen sind in x und y vom zweiten Grade und daher ohne größere Schwierigkeiten auflösbar.

Solcher Beispiele gibt es natürlich die Fülle. Das Schwierige bei alledem ist aber zu erkennen, wann überhaupt die

Anwendung einer Berührungstransformation angebracht und welche Transformation zweckmäßig ist. Weil hier eine Herausstellung von prägnanten Typen nur in bescheidenem Umfange möglich ist, kommt eine methodische Verwendung für die praktische Integration der gewöhnlichen Diffgl. nicht in Frage. Es ist aber gut, wenigstens die besonders einfache (Legendre-)Transformation 1) in Erinnerung zu behalten.

§ 6. Existenz und Eindeutigkeit der Lösungen. Verlauf im Großen

Gegeben ist die Diffgl. $y' = f(x, y)$. Voraussetzung für Existenz und Eindeutigkeit einer Lösung, die durch x_0, y_0 geht, ist die Lipschitzsche Bedingung:

$$\left| \frac{f(x, y_1) - f(x, y_2)}{y_1 - y_2} \right| < \text{konst.}$$

für irgend zwei verschiedene Punkte (x, y_1), (x, y_2) einer Umgebung von (x_0, y_0). Diese Bedingung ist hinreichend, aber nicht notwendig. Perron (Math. Annalen 78) hat gezeigt, daß bei alleiniger Annahme der Stetigkeit von $f(x, y)$ in einer Umgebung von (x_0, y_0) es eine kontinuierliche Schar von Lösungen gibt, die von einer Maximal- und Minimallösung eingeschlossen werden. Fallen diese beiden zusammen, so gibt es eine einzige Lösung durch (x_0, y_0).

Nagumo (Japanese Journal of Math. 1926) hat eine hinreichende Bedingung für die Einzigkeit der Lösung angegeben, die weiter als die Lipschitzsche Bedingung und sehr einfach ist. Es genügt zu fordern

$$(8) \qquad |x - x_0| \cdot \left| \frac{f(x, y_1) - f(x, y_2)}{y_1 - y_2} \right| \leqq 1$$

für irgend zwei verschiedene Punkte (x, y_1) und (x, y_2) einer Umgebung U von (x_0, y_0), um die Eindeutigkeit der Lösung zu sichern.

Zunächst bemerken wir, daß aus (8) für jeden Punkt $(x, y) \neq (x_0, y_0)$ die Gültigkeit der Lipschitzschen Bedingung und damit die Eindeutigkeit folgt. Da die Eindeutigkeit in $(x, y) \neq (x_0, y_0)$ sich aus unserer verallgemeinerten Voraussetzung nicht schließen lassen wird, machen wir zunächst die ausdrückliche Annahme,

B) daß in jedem von (x_0, y_0) verschiedenen Punkte eines beliebig kleinen, aber festen Winkelraumes

$$f(x_0, y_0) - \varepsilon < (y - y_0)/(x - x_0) < f(x_0, y_0) + \varepsilon$$

des Bereiches U die Eindeutigkeit gelte.

Setzen wir nun für $y_1 \neq y_2$

$$(x - x_0) \frac{f(x, y_1) - f(x, y_2)}{y_1 - y_2} - 1 = \psi(x, y_1, y_2),$$

so soll unsere zweite Voraussetzung lauten:

A) das Integral

$$\int_{x^0}^{x} \frac{\psi(t, y_1, y_2)}{t - x_0} dt \qquad (x^0 > x_0),$$

in dem $y_1(t)$, $y_2(t)$ beliebige in der Richtung $f(x_0, y_0)$ in den Punkt (x_0, y_0) einmündende differenzierbare Funktionen bedeuten können, soll für $x \to x_0 + 0$ nicht gegen $(-\infty)$ gehen.

Die Voraussetzung A ist offenbar erfüllt, wenn (8) gefordert wird, nicht umgekehrt. (A) ist also noch schwächer als (8).

Unter den Voraussetzungen (A) und (B) gilt dann:

Die Differentialgleichung $y' = f(x, y)$ kann für $x \geqq x_0$ nur eine durch (x_0, y_0) gehende Integralkurve haben.

Zur Erläuterung der Voraussetzung sei

$$p = \psi^+ = \text{Max}(\psi, 0); \quad q = \psi^- = -\text{Min}(\psi, 0) \geqq 0$$

gesetzt. Es ist dann für $x_0 < x < x^0$

$$\int_{x^0}^{x} \frac{\psi}{t-x_0}\,dt = \int_{x^0}^{x} \frac{p(t)}{t-x_0}\,dt - \int_{x^0}^{x} \frac{q(t)}{t-x_0}\,dt \geqq \int_{x^0}^{x} \frac{p(t)}{t-x_0}\,dt.$$

Unsere Voraussetzung ist also dann sicher erfüllt, wenn

$$\int_{x^0}^{x} \frac{p(t)}{t-x_0}\,dt$$

konvergiert. In (8) läßt sich also die rechte Seite vergrößern, aber so, daß die 1 nicht allzuoft oder allzusehr überschritten wird. Der Beweis ist ganz kurz. Gäbe es zwei Lösungen y_1 und y_2, so wissen wir wegen (B), daß sich y_1 und y_2 nicht schneiden für $x > x_0$; daher läßt sich für $x > x_0$ annehmen $y_1(x) > y_2(x)$. Von der Funktion

$$\psi(x, y_1(x), y_2(x)) = \psi(x)$$

wissen wir, daß

$$\int_{x^0}^{x} \frac{\psi(t)}{t-x_0}\,dt \to +\!\!\!\!\to - \infty.$$

Die Differentialgleichung

$$\frac{dv}{dx} = \frac{v}{x-x_0}\bigl(1+\psi(x)\bigr)$$

hat das allgemeine Integral

$$v = C\,(x-x_0)\,e^{\int_{x^0}^{x} \frac{\psi(t)}{t-x_0}\,dt}.$$

Sie hat insbesondere die Lösung

$$v_0(x) = y_1(x) - y_2(x).$$

Es ist $\quad v_0(x_0) = 0,\ v_0'(x_0) = 0.$

Aus

$$v_0'(x_0) = 0 = \lim_{x=x_0+0} \frac{v_0(x)}{x-x_0} = C_0 \lim e^{\int_{x^0}^{x} \frac{\psi(t)}{t-x_0}\,dt}$$

folgt, da der zweite Faktor nicht gegen Null geht, $C_0 = 0$. d. h. $v_0 = y_1 - y_2 \equiv 0$ im Widerspruch zur Annahme.

Der Existenz- und Eindeutigkeitssatz ist ein „Satz im Kleinen". Er bezieht sich nur auf die Umgebung eines Punktes. In G. D. S. 24 ist gezeigt, wie man eine bestimmte Lösung bis zum Rande eines vorgeschriebenen Gebietes G verfolgen kann.

Um Sätze „im Großen" zu gewinnen, muß man zunächst die Abhängigkeit einer Lösung von der Funktion f und den Anfangswerten näher kennen. Wie ändert sich nun der Verlauf der Integralkurve durch (x_0, y_0), wenn die Differentialgleichung ein wenig abgeändert wird?

Seien $y' = f(x, y)$, $Y' = f(x, Y) + A(x, Y)$ zwei Gleichungen, in denen f im Gebiet G der Lipschitz-Bedingung genügt; von A wird nur Beschränktheit gefordert, aber außerdem vorausgesetzt, daß es eine Lösung $G(x)$ der zweiten Gleichung gibt, die durch (x_0, y_0) geht und eine stückweise stetige Ableitung hat.

Aufgabe 6/1) Man wende auf die erste Differentialgleichung das Picardsche Approximationsverfahren mit $y_0 = Y(x)$ als Anfangsnäherung an und zeige von der Lösung $y(x)$: $|Y(x) - y(x)| < \delta \cdot |x - x_0| \cdot e^{M \cdot |x - x_0|}$; $\delta =$ obere Grenze $|A|$ in G, M Konst. d. Lipschitzbed.; die Ungleichung gilt für $|x - x_0| \leqq b^*$, wobei b^* neben der Abhängigkeit von f nur durch die Bedingung $b^* <$ konst. b eingeschränkt ist; b bedeutet die kleinste Seite des Rechtecks um (x_0, y_0), das noch in G liegt.

6/2) $y_1(x)$ sei die Lösung von $y' = f(x, y)$ durch (x_0, y_0); $y_2(x)$ sei die entsprechende Lösung durch (x_0', y_0').

Man schätze die Größe $(y_1 - y_2)$ ab durch Zurückführung der Frage auf 1) mit Hilfe einer Substitution. — Mit dieser Aufgabe ist die Abhängigkeit der Ikurven von den Anfangsbedingungen geklärt. Nunmehr ist es möglich, „Sätze im Großen" zu gewinnen, d. h. Aussagen über Verlauf und Gestalt der Lösungsschar in einem Gebiete G. Bendixson hat in den Acta math. 24 solche Sätze bewiesen. Schreiben wir statt der Differentialgleichung

$$\frac{dy}{dx} = f(x, y) = \frac{Q}{P}$$

das vom Koordinatensystem unabhängigere System

$$\frac{dx}{dt} = P(x, y); \quad \frac{dy}{dt} = Q(x, y).$$

P und Q seien in einem abgeschlossenen Gebiete G der (x, y)-Ebene stetig und (x_0, y_0) sei ein Punkt P_0 innerhalb G. Wir suchen die Lösung $x = x(t)$, $y = y(t)$, die für $t = 0$ durch P_0 geht. Der Picardsche Existenzbeweis lehrt uns die Existenz einer solchen Lösung in einem Intervall $|t| \leqq a^*$. Dabei ist a^* beschränkt (siehe G. D. S. 24) durch die Forderungen $a^* < \frac{b_1}{N_1}, a^* < \frac{b_2}{N_2}, a^* < \frac{q}{2M}$

$$N_1 = \text{Max}\,|P|,\ N_2 = \text{Max}\,|Q| \text{ in } G\,;\ q < 1$$

$$M = \text{Max}\left\{\frac{|P(x, y) - P(x', y')|}{|x - x'| + |y - y'|};\ \frac{|Q(x, y) - Q(x', y')|}{|x - x'| + |y - y'|}\right\}$$

für irgend zwei Punkte $(x, y) \neq (x', y')$ in G. (Beschränktheit dieser Quotienten folgt aus Lipschitz-Bedingungen!) Das Rechteck

$$|x - x_0| \leqq b_1,\ |y - y_0| \leqq b_2$$

soll noch ganz in G liegen, wodurch b_1 und b_2 festgelegt sind. Verfolgen wir die Integralkurve zunächst nur für positive t, dann können wir für die Anfangswerte $t_{0,1} = a^*$; $x_{0,1} = x(a^*)$; $y_{0,1} = y(a^*)$ dieselbe Betrachtung anwenden und nunmehr $x = x(t)$, $y = y(t)$ für $|t - a^*| < a_1^*$ definieren, wobei nur $b_{1,1}$ und $b_{2,1}$ sich geändert haben und infolgedessen $a_1^* < a^*$ sein könnte. Können wir durch ein solches fortgesetztes Verfahren die Kurve nur für $t < T$ definieren, so ist klar, daß wir bis zum Rande gelangt sind. (Min $(b_{1,n} b_{2,n})$ ist immer kleiner geworden.)

In diesem Falle ist also die Existenz bis zum Rande gesichert. Falls für alle $t > 0$ die Funktionen $x(t)$, $y(t)$ nach obigem Verfahren definiert werden können, so ist entweder möglich, daß die Kurve für $t \to \infty$ an den Rand herangeht, womit das Problem erledigt ist, oder aber, daß sie ganz im Innern von G bleibt. Was läßt sich dann über die Kurve sagen? Nehmen wir zunächst an, daß für $t \to \infty$ die Kurve sich einem festen Punkte (x^0, y^0) nähert. Dann ist $P(x^0, y^0) = Q(x^0, y^0) = 0$.

Der Punkt (x^0, y^0) ist zu den singulären Punkten der Differentialgleichung $y' = \dfrac{Q}{P}$ zu zählen. Wäre z. B. $P(x^0, y^0) \neq 0$, etwa > 0, so wäre für große t etwa $t > t_0$

$$P\big(x(t), y(t)\big) > \tfrac{1}{2} P(x^0, y^0)$$

und daher

$$x(t) - x(t_0) = \int_{t_0}^{t} P\big(x(\tau), y(\tau)\big)\, d\tau > \tfrac{1}{2}(t - t_0) \cdot P(x^0, y^0),$$

also gewiß nicht $\lim\limits_{t=\infty} x(t) = x^0$ entgegen der Annahme. Entsprechendes gilt bei $Q \neq 0$. Wir nehmen nun an, daß die Menge $\mathfrak{M}$ der Häufungspunkte der Kurve $\mathfrak{C}: x = x(t), y = y(t)$ für $t \to \infty$ keinen singulären Punkt und keinen Randpunkt enthält. Als erste Möglichkeit ersieht man sofort: $\mathfrak{C}$ ist eine geschlossene Integralkurve, die also für $t = \infty$ sich selbst als Häufungsmenge $\mathfrak{M}$ hat. Was gibt es sonst noch für Möglichkeiten? Die Antwort lautet: $\mathfrak{M}$ ist eine geschlossene Integralkurve, an die sich die Kurve $\mathfrak{C}$ spiralenförmig anschließt (eine sog. „Grenzzykle"). Wir wollen den Beweis als Aufgabe stellen und ihn in die folgenden Hilfssätze zerlegen.

6/3) Ein Punkt R aus $\mathfrak{M}$ sei ein Punkt von $\mathfrak{C}$. Dann ist $\mathfrak{M} \equiv \mathfrak{C}$ und $\mathfrak{C}$ ist eine geschlossene Kurve.

Es sei $\mathfrak{M} \neq \mathfrak{C}$, P ein Punkt von $\mathfrak{M}$, der nicht zu $\mathfrak{C}$ gehört. $\mathfrak{C}'$ sei die durch P gehende Integralkurve. Dann wird behauptet:

6/4) $\mathfrak{C}'$ ist in $\mathfrak{M}$ enthalten; also alle Punkte von $\mathfrak{C}'$ sind Häufungspunkte von $\mathfrak{C}$.

6/5) Die Häufungsmenge $\mathfrak{M}'$ von $\mathfrak{C}'$ gehört zu $\mathfrak{C}'$. Daraus folgt gemäß 3), daß $\mathfrak{C}'$ eine geschlossene Integralkurve ist.

Lösungen

6/1) Es ist

$$y_0(x) = Y(x); \quad y_1(x) = y_0 + \int_{x_0}^{x} f(t, y_0(t))\, dt, \ldots$$

$$y_n = y_0 + \int_{x_0}^{x} f(t, y_{n-1}(t))\, dt.$$

Nun ist

$$Y(x) = y_0 + \int_{x_0}^{x} f(t, Y(t))dt + \int_{x_0}^{x} A(t, Y(t))dt$$

$$|Y(x) - y_1(x)| \leqq \left| \int_{x_0}^{x} A(t, Y(t))\, dt \right| < \delta \; |x - x_0|.$$

Entsprechend folgt durch Induktion

$$|Y(x) - y_n(x)| < \delta \cdot M^{n-1} \cdot \frac{|x - x_0|^n}{(n-1)!} + \delta \cdot M^{n-2} \cdot \frac{|x - x_0|^{n-1}}{(n-2)!} + \cdots + \delta \cdot |x - x_0|.$$

Daraus ergibt sich sofort

$$|Y(x) - y(x)| < \delta \cdot |x - x_0| \cdot e^{M \cdot |x - x_0|}.$$

6/2) $\bar{x} = x - (x_0' - x_0); \; \bar{y} = y - (y_0' - y_0).$

Durch diese Substitution geht die Differentialgleichung über in

$$\frac{d\bar{y}}{d\bar{x}} = f(\bar{x} + (x_0' - x_0), \bar{y} + (y_0' - y_0)) = f(\bar{x}, \bar{y}) + A(\bar{x}, \bar{y}).$$

Die Aufgabe ist daher zurückgeführt, die Integrale durch (x_0, y_0) der beiden Gleichungen $\frac{dy}{dx} = f(x, y)$; $\frac{dy}{dx} = f(x, y) + A(x, y)$ zu vergleichen, also auf die vorige Aufgabe. Falls $|x_0' - x_0| + |y_0' - y_0|$ genügend klein ist, ist $A(x, y)$ genügend klein und beide Gleichungen sind definiert in einem G', das sich nur wenig von G unterscheidet. Wenn die Lipschitzsche Bedingung für f hinsichtlich beider Variabler erfüllt ist, so folgt insbesondere

$$|A| < \text{konst.}\,(|x_0' - x_0| + |y_0' - y_0|).$$

6/3) R gehört zugleich zu $\mathfrak{M}$ und $\mathfrak{C}$. Da eine bestimmte Tangente vorhanden, so gibt es in R auch eine Normale n_R, die die Ebene in zwei Halbebenen teilt. Für $t = t_R$ möge R passiert werden. Wir wollen sagen, der Punkt laufe von der linken in die rechte Halbebene. Da wegen der Stetigkeit des Richtungsfeldes der Punkt R als Punkt aus $\mathfrak{M}$ durch die Kurvenpunkte $R_\nu(t = t_\nu$ in $R_\nu)$ mit angenähert gleicher Tangente angenähert wird, so gibt es für $t > t_R$ einen ersten Wert t_1, für den die Normale n_R nahe R von links nach rechts getroffen wird, etwa in R_1'. Das Kurvenstück $\mathfrak{C}$ für $t_R \leqq t \leqq t_1$ und das Normalenstück $R_1' R_1$ bilden eine geschlossene Jordankurve. Da nun immer wieder die Normale nahe R in Richtung von links nach rechts geschnitten werden muß, so muß die Kurve $\mathfrak{C}$ für $t > t_1$ die Jordankurve treffen, entweder sich selbst — und dann ist $\mathfrak{C}$ eine geschlossene Integralkurve — oder das Normalenstück. Das würde bedeuten, daß für $t > t_1$ die Normale in entgegengesetzter Richtung geschnitten wird; da diese Betrachtung statt für $t > t_R$ auch für einen beliebig großen Wert $t > t'$ sich durchführen läßt, für den die Normale von links nach rechts getroffen wird, so wird der Stetigkeit von P und Q widersprochen (die ja nicht beide Null sind in R). Es ist also $\mathfrak{C}$ eine geschlossene Integralkurve.

6/4) P_ν sei eine Punktfolge auf $\mathfrak{C}$, die gegen P konvergiert. Wir betrachten die Integralkurven, die für $t = 0$ in P und P_ν sind. Das sind die Kurven $\mathfrak{C}'$ und $\mathfrak{C}$. Denn eine Verschiebung von t ändert nichts an dem Differentialsystem. Die stetige Abhängigkeit von den Anfangswerten erlaubt nun, zu jedem beliebigen festen Intervall $|t| < K$ ein $\nu = \nu(K, \varepsilon)$ so groß zu finden, daß $\mathfrak{C}$ und $\mathfrak{C}'$ für $|t| < K$ sich um weniger als ε unterscheiden. Daraus folgt bereits, daß jeder Punkt von $\mathfrak{C}'$ zu $\mathfrak{M}$ gehört. Es ist auch jeder Häufungspunkt von Punkten $\mathfrak{C}'$ Häufungspunkt von Punkten $\mathfrak{C}$.

6/5) $\mathfrak{C}'$ kann also nicht in beliebige Nähe des Randes oder eines singulären Punktes geraten, da sonst dasselbe für $\mathfrak{C}$ gelten würde. Betrachten wir jetzt die zu $\mathfrak{C}'$ gehörige Häufungsmenge $\mathfrak{M}'$. Da $\mathfrak{M}'$ zu $\mathfrak{M}$ gehört, ist $\mathfrak{M}'$ frei von Singularitäten und Randpunkten. Gäbe es einen Punkt P'' von $\mathfrak{M}'$, der nicht zu $\mathfrak{C}'$ gehört (kein Punkt von $\mathfrak{M}'$ gehört dann zu $\mathfrak{C}'$), so gibt es durch diesen eine Kurve $\mathfrak{C}''$. Die Betrachtungen von vorher wiederholen sich. Wir ziehen in P'' die Normale (die ja existiert.) Sie wird immer wieder von $\mathfrak{C}'$ in einer bestimmten Richtung getroffen. Zwischen zwei solchen genügend nahe bei P'' gelegenen aufeinanderfolgenden Treffpunkten $P_1' P_2'$ und $P_2' P_3'$ kann die Normale nur einmal von der Kurve $\mathfrak{C}$ geschnitten werden wegen der Stetigkeit des Richtungsfeldes. Dann ist aber P'' nicht Punkt von $\mathfrak{M}$ im Widerspruch zu oben. Also gehören alle Punkte von $\mathfrak{M}'$ zu $\mathfrak{C}'$. $\mathfrak{C}'$ ist eine geschlossene Kurve.

§ 7. Singuläre Punkte

Singulärer Punkt der Differentialgleichung $P \cdot dx + Q \cdot dy = 0$ heißt jede gemeinsame Nullstelle (x_0, y_0) von P und Q. Haben P und Q einen Faktor μ gemeinsam, so daß

$$P_1 = P : \mu, \quad Q_1 = Q : \mu$$

nicht gleichzeitig mit μ verschwinden in (x_0, y_0), dann heißt die Singularität behebbar. Die einfachste isolierte singuläre Stelle tritt in der Gleichung

$$\frac{dy}{dx} = \frac{ax + by}{\alpha x + \beta y} \tag{9}$$

auf, die aber doch schon viel Charakteristisches bietet. Für $b\alpha - \beta a = 0$ ist die Singularität behebbar. Sind die Wurzeln α_1, α_2 der Gleichung $a + (b - \alpha) z - \beta z^2 = 0$ — es sei $\beta \neq 0$ — verschieden, dann ist (G. D. S. 44) für

$$\xi = y - \alpha_1 x, \quad \eta = y - \alpha_2 x \tag{10}$$

$$\xi^{\varkappa_1} \eta^{-\varkappa_2} = C \tag{11}$$

das allgemeine Integral; dabei ist $\varkappa_1 - \varkappa_2 = -1$.

7/1) Ist $\varkappa_1$ oder $\varkappa_2$ Null, so folgt $b\alpha - a\beta = 0$, d. h. die Singularität ist behebbar. —

Für $b\alpha - a\beta \neq 0$ ist nun

$$\frac{d\eta}{d\xi} = \frac{\varkappa_1 \eta}{\varkappa_2 \xi} \tag{9'}$$

die Differentialgleichung der Schar (11). Durch die Substitution 10) geht also 9) über in 9'). Sind α_1 und α_2 reell, so ist die Substitution 10) und auch 9') reell. Die beiden Geradenlösungen $y = \alpha_i x$ sind Koordinatenachsen geworden.

7/2) α_1 und α_2 seien konjugiert komplex. Dann läßt sich 9) durch eine reelle lineare Substitution in die reelle Gestalt setzen

$$\frac{d\eta}{d\xi} = \frac{\xi + a\eta}{a\xi - \eta}, \tag{9''}$$

— Ist $\alpha_1 = \alpha_2$, liegt also eine (reelle) Doppelwurzel α_0 vor, so ist für

$$(12) \qquad \xi = y - \alpha_0 x; \; \eta = \left(\frac{\alpha}{\beta} + \alpha_0\right) \cdot x$$

$$\xi \cdot e^{-\frac{\eta}{\xi}} = C$$

das allgemeine Integral von 9). Dazu gehört die Diffgl.

$$(9''') \qquad \frac{d\eta}{d\xi} = \frac{\xi + \eta}{\xi},$$

in die also 9) durch die Substitution 12) überführt wird.

Ist $\beta = 0$, so ist für $b = 0$ die Singularität behebbar. Für $a = 0$ hat 9) bereits die Gestalt 9'). Sind a und b verschieden von Null und kann daher geschrieben werden

$$\frac{dy}{dx} = \frac{a_1 x + b_1 y}{x},$$

so führt für $b_1 = 1$ die Substitution

$$\xi = a_1 x, \quad \eta = b_1 y$$

zu 9'''). Für $b_1 \neq 1$ ist (die Differentialgleichung ist ja linear!)

$$y = \frac{a_1}{1 - b_1} \cdot x + c \cdot x^{b_1}$$

das allgemeine Integral. Die Substitution

$$(13) \qquad \eta = y - \frac{a_1}{1 - b_1} x; \quad \xi = x$$

führt zu $\eta = c \cdot \xi^{b_1}$,

wozu die Differentialgleichung

$$\frac{d\eta}{d\xi} = b_1 \cdot \frac{\eta}{\xi}$$

gehört, die von der Art 9') ist. Wir haben also das Ergebnis: Die allgemeine Differentialgleichung

$$y' = \frac{ax + by}{\alpha x + \beta y}$$

$(b\alpha - \beta a \neq 0)$ läßt sich durch reelle lineare Substitutionen auf eine der drei Formen 9'), 9''), 9''') bringen.

Die Differentialgleichung

$$\frac{dy}{dx} = \frac{ax + by + \eta_1(x, y)}{\alpha x + \beta y + \eta_2(x, y)}$$

läßt sich entsprechend, wenn die Wurzeln α_1, α_2 reell und verschieden sind, durch eine lineare Substitution in die Gestalt

$$\frac{d\eta}{d\xi} = \frac{\varkappa_1 \eta + \delta_1(\xi, \eta)}{\varkappa_2 \xi + \delta_2(\xi, \eta)}$$

bringen. Schreiben wir wieder (x, y) statt (ξ, η) und η_1, η_2 an Stelle von δ_1, δ_2, so sind wir bei Gleichung (37), G. D. S. 44. Der Fall $\frac{\varkappa_1}{\varkappa_2} < 0$ (Sattelpunkt) ist in G. D. eingehend erörtert. Es sei jetzt $\frac{\varkappa_1}{\varkappa_2} > 0$. $\frac{\varkappa_1}{\varkappa_2} < 1$ führt sich auf $\frac{\varkappa_1}{\varkappa_2} > 1$ zurück durch Vertauschung der Bezeichnungen x und y. Daher sei weiterhin $\frac{\varkappa_1}{\varkappa_2} = a > 1$. Wir wollen auch hier die Invarianz zeigen. Das Richtungsfeld der Gleichung

$$y' = \frac{ay + \eta_1}{x + \eta_2}$$

wird in einer Umgebung des Nullpunktes im wesentlichen dasselbe sein wie das der Gleichung

$$y' = \frac{ay}{x}.$$

Das Ikurvenbild für $a > 1$ zeigt in der Tat auch einen Knoten, falls folgende Bedingungen erfüllt sind:

α) $$\frac{\eta_i(x, y)}{|x| + |y|} \to 0$$

β_1) $|\eta_1(x_1, y) - \eta_1(x_2, y)| < C\,|x_1 - x_2|$

β_2) $|\eta_2(x_1, y) - \eta_2(x_2, y)| < \vartheta_0 \cdot \frac{a-1}{a}\,|x_1 - x_2|$ $(\vartheta_0 < 1)$

γ) (0,0) ist isolierte Singularität.

β_1, β_2 brauchen nur zu gelten in einem Winkelraum um die positive und um die negative y-Achse.

Für $a = 1$ sind zur Invarianz nötig:

α') $$\frac{\eta}{|x| + |y|} \to 0$$

β') $$|\eta(x_1, y_1) - \eta(x_2, y_2)| < \varepsilon(\varrho) \cdot r.$$

$r = \sqrt{(x_1 - x_2)^2 + (y_1 - y_2)^2}$; $\varrho = r_1 + r_2$; $r_i = \sqrt{x_i^2 + y_i^2}$. Die Funktion $\varepsilon(\varrho)$ hat die Eigenschaft K; das soll heißen:

das Integral $\int\limits_0^\varrho \frac{\varepsilon(t)}{t}\, dt$ ist konvergent.

γ') $(0,0)$ ist isolierte Singularität. (α'), (γ') folgen aus (β'). — Nur der Fall $a > 1$ sei hier behandelt.

Beweis: Die Kurve $\mathfrak{C}_2 \equiv (x + \eta_2 = 0)$ läuft in Richtung der y-Achse, die Kurve $\mathfrak{C}_1 \equiv (ay + \eta_1 = 0)$ in Richtung der x-Achse in 0 ein, wie unmittelbar aus (α) folgt. Zu dem Winkelraum $-\frac{\pi}{2} + \delta \leqq \varphi \leqq \frac{\pi}{2} - \delta$ läßt sich bei jedem festen positiven $\delta < \frac{\pi}{2}$ ein $r_0(\delta)$ so finden, daß im Kreissektor $\left(-\frac{\pi}{2} + \delta \leqq \varphi \leqq \frac{\pi}{2} - \delta,\ 0 < r \leqq r_0\right)$ kein Punkt der Kurve $\mathfrak{C}_2$ liegt. $P_0 = (x_0, y_0)$ sei irgendein Punkt auf einem Randstrahl des Sektors. Es ist

$$x^2 \left(\frac{y(x)}{x}\right)' = xy' - y$$

$$(x + \eta_2)\, x^2 \left(\frac{y}{x}\right)' = xy(a - 1) + x\eta_1 - y\eta_2.$$

Die Kurve $\mathfrak{C}^*$, definiert durch

$$xy(a - 1) + x\eta_1 - y\eta_2 = 0,$$

besteht (für $a > 1$!) aus zwei Zweigen; der eine läuft in Richtung der y-Achse durch den Nullpunkt, der andere in Richtung der x-Achse. Auch das folgt fast unmittelbar aus (α). Der Radius unseres Kreissektors läßt sich bei festem

δ noch so verkleinern, daß kein Punkt von $\mathfrak{C}^*$ auf einem Randstrahl liegt. In P_0 ist also

$$\operatorname{sign}\left((y/x)'\right) = \operatorname{sign} y.$$

Also kann bei fallendem x keine Integralkurve aus dem Sektor heraustreten. Sei jetzt P_0 irgendein Punkt des Sektors. Die Integralkurve durch P_0 bleibt im Sektor und ist also als Funktion $y(x)$ definiert für $0 < x \leqq x_0$. Wenn für $x \to +0$ von einem gewissen x^0 an die Integralkurve keinen Punkt von $\mathfrak{C}^*$ trifft, so ist sign $\left((y/x)'\right)$ für $0 < x < x^0$ konstant, also ist y/x monoton und $\lim y/x = m$ existiert.

Aus der Differentialgleichung folgt sofort $m = a \cdot m$. Für $a > 1$ ist daher $m = 0$. Trifft nun die Integralkurve immer wieder $\mathfrak{C}^*$, so ist für die Schnittpunkte sicherlich $\lim \frac{y}{x} = 0$. Jeder andere Punkt der Integralkurve liegt in einem von zwei Punkten aus $\mathfrak{C}^*$ begrenzten, aber sonst von Punkten von $\mathfrak{C}^*$ freien Stück der Integralkurve. Längs dieses Stücks ist sign $\left((y/x)'\right)$ konstant. y/x wandert also monoton zwischen zwei Werten, die für $x \to +0$ gegen Null gehen. Also ist längs der Integralkurve $\lim y/x = 0$.

Damit ist festgestellt: alle Integralkurven, die überhaupt einen Punkt im Kreissektor haben, laufen in Richtung der x-Achse ein. Da δ beliebig klein sein konnte, so sind nur noch Kurven möglich, die in Richtung der y-Achse einlaufen. Zunächst gilt: höchstens eine Integralkurve kann in Richtung der positiven y-Achse einlaufen. Beweis: Die Gleichung

$$\frac{dx}{dy} = f(y, x) = \frac{x + \eta_2}{ay + \eta_1}$$

betrachten wir in einem Gebiete, wo der Nenner sicher von Null verschieden ist und $\lim \frac{x}{y} = 0$ gilt. Dort ist dann

$$f(y, x_1) - f(y, x_2) = \frac{x_1 + \eta_{2,1}}{ay + \eta_{1,1}} - \frac{x_2 + \eta_{2,2}}{ay + \eta_{1,2}}$$

$$= \frac{ay(x_1 - x_2) + ay(\eta_{2,1} - \eta_{2,2}) + x_1\eta_{1,2} - x_2\eta_{1,1} + \eta_{2,1}\eta_{1,2} - \eta_{1,1}\eta_{2,2}}{(ay + \eta_{1,1})(ay + \eta_{1,2})}$$

$$= \frac{x_1 - x_2}{ay} \cdot \frac{ay}{ay + \eta_{1,1}} \cdot \frac{ay}{ay + \eta_{1,2}} + \frac{ay(\eta_{2,1} - \eta_{2,2})}{(ay + \eta_{1,1})(ay + \eta_{1,2})}$$

$$+ \frac{(x_1 - x_2)\eta_{1,2} - x_2(\eta_{1,1} - \eta_{1,2})}{(ay + \eta_{1,1})(ay + \eta_{1,2})} + \frac{\eta_{2,1}\eta_{1,2} - \eta_{1,1}\eta_{2,2}}{(ay + \eta_{1,1})(ay + \eta_{1,2})}.$$

Mit $\varepsilon(y)$ werden Funktionen bezeichnet, die gegen Null gehen für $y \to 0$. Wir bleiben jetzt in einem Gebiete, wo $\lim \frac{x}{y} = 0$ gilt. Dort ist

$$\eta(x, y) = \varepsilon(y)\, y,$$

daher

$$f(y, x_1) - f(y, x_2) = \frac{x_1 - x_2}{ay}(1 + \varepsilon_1) + \frac{\eta_{2,1} - \eta_{2,2}}{ay}(1 + \varepsilon_2)$$

$$+ \frac{(x_1 - x_2)\,\eta_{1,2}}{a^2 y^2}(1 + \varepsilon_3) - \frac{x_2(\eta_{1,1} - \eta_{1,2})}{a^2 y^2}(1 + \varepsilon_4)$$

$$+ \frac{\eta_{2,1}\eta_{1,2} - \eta_{1,1}\eta_{2,2}}{a^2 y^2}(1 + \varepsilon_5).$$

Gemäß der Voraussetzung ist

$$\left| \frac{\eta_{2,1} - \eta_{2,2}}{ay}(1 + \varepsilon_2) \right| < \vartheta_0 \frac{a-1}{a} \left| \frac{x_1 - x_2}{ay} \right| ; \; 0 < \vartheta_0 < 1$$

$$|\eta_{2,1}\eta_{1,2} - \eta_{1,1}\eta_{2,2}| = |\eta_{1,2}(\eta_{2,1} - \eta_{2,2}) - \eta_{2,2}(\eta_{1,1} - \eta_{1,2})| < \varepsilon y C\, |x_1 - x_2|$$

$$\left| \frac{x_2(\eta_{1,1} - \eta_{1,2})}{a^2 y^2} \right| < \left| \frac{x_2}{y} C \frac{(x_1 - x_2)}{y} \right| < \frac{\varepsilon(x_1 - x_2)}{y}.$$

Daher $f(y, x_1) - f(y, x_2) =$

$$\frac{x_1 - x_2}{y}\left(1 - \frac{a-1}{a} + \varkappa(y, x_1, x_2)\frac{a-1}{a} + \varepsilon\right); |\varkappa| \leqq \vartheta_0' < 1.$$

Nun ist

$$\psi = -\frac{a-1}{a} + \varkappa\frac{a-1}{a} + \varepsilon$$

stets negativ, und daher kann es nach dem Eindeutigkeitskriterium von S. 33 (das auch gültig bleibt, wenn alle Voraussetzungen nur in einem kleinen Winkelraum gelten) höchstens eine Integralkurve $x(y)$ mit $x'(0) = 0$ geben. Jetzt zeigen wir, daß es wirklich eine gibt. In einer genügend kleinen Kreisumgebung um 0 kann keine Integralkurve ein Extremum der Entfernung haben in einem Punkte $\neq 0$. Es müßte nämlich dort

$$\begin{aligned}\tfrac{1}{2} d(x^2 + y^2) &= dt\big(x(x + \eta_2) + y(ay + \eta_1)\big)\\ &= dt(x^2 + ay^2 + x\eta_2 + y\eta_1)\end{aligned}$$

verschwinden, was wegen (α) offenbar unmöglich ist. Es gibt also in der kleinen Kreisumgebung keine Integralkurve, die von einem Punkte aus innerhalb des Kreises gleichzeitig in Richtung der positiven und in Richtung der negativen x-Achse einläuft. Wir können daher von positiven und von negativen Punkten sprechen.

Es gilt: Die Menge der positiven Punkte ist eine innere Punktmenge.

Beweis: Zunächst sind alle Punkte eines festen Kreissektors $-\frac{\pi}{2} + \delta \leqq \varphi \leqq \frac{\pi}{2} + \delta$, $o < r \leqq r_0(\delta)$ positive Punkte. Ist P_0 irgendein positiver Punkt, so läuft die Kurve durch P_0 einmal in den δ-Kreissektor ein. P_1 sei ein Kurvenpunkt, der zugleich innerhalb des Sektors liegt. Eine Umgebung von P_1 besteht aus lauter positiven Punkten. Zu jeder Umgebung $\mathfrak{U}_1$ von P_1 läßt sich aber (nach einem Satze von Bendixson) eine Umgebung $\mathfrak{U}_0$ von P_0 finden, so daß alle Kurven, die

Punkte von $\mathfrak{U}_0$ haben, auch Punkte von $\mathfrak{U}_1$ haben, also in 0 in Richtung der positiven x-Achse einlaufen. $\mathfrak{U}_0$ besteht also aus positiven Punkten. Entsprechend bilden die negativen Punkte eine innere Menge. Auf einem Kreisbogen $r = r^0$, $\frac{\pi}{2} - \delta \leqq \varphi \leqq \frac{\pi}{2} + \delta$ sind sowohl positive wie negative Punkte. Die Argumente φ der positiven Punkte haben eine obere Grenze φ^0. Der Punkt $P^0 = (r^0, \varphi^0)$ kann offenbar weder positiv noch negativ sein. Die Integralkurve durch P^0 muß (es gibt kein Extremum der Entfernung) in 0 einlaufen; sie ist also die noch mögliche Integralkurve, die in Richtung der positiven y-Achse einläuft. Damit ist die Invarianz für $a > 1$ gezeigt.

7/3) $$(x - 4y\sqrt{|xy|})\, dy + (y - 4x\sqrt{|xy|})\, dx = 0 .$$

Es ist durch Integration zu zeigen, daß es außer den Koordinatenachsen noch Integralkurven durch den Nullpunkt gibt.

7/4) $$\frac{dr}{d\varphi} = -r^2 .$$

Kurvenbild um den Nullpunkt?

7/5 $$\frac{dr}{d\varphi} = r^2 \cdot \sin\frac{1}{r} .$$

Grenzzyklen!

7/6) $$\frac{dy}{dx} = \frac{y + \dfrac{2x}{\log(x^2 + y^2)}}{x - \dfrac{2y}{\log(x^2 + y^2)}} .$$

hat das Bild eines Strudelpunktes!

7/7) $$x \cdot y' = y - \frac{x}{\log\dfrac{1}{|x|}}$$

hat nur Integrale, die in Richtung der y-Achse einlaufen.

7/8) $$xy' = y - \frac{x \cdot \cos \log \frac{1}{2} \frac{1}{|x|}}{\log \frac{1}{|x|}}$$

hat keine Integralkurve, die in fester Richtung in den Nullpunkt einmündet.

Lösungen.

7/1) Es ist (s. G. D. 41) $\varkappa_1 = \dfrac{\frac{\alpha}{\beta} + \alpha_1}{\alpha_2 - \alpha}$.

Aus $\alpha + \beta\alpha_1 = 0$ folgt wegen $a + (b - \alpha)z - \beta z^2 = 0$ für $z = \alpha_1$, daß auch $a + b\alpha_1 = 0$ gilt. Das ergibt die Behauptung.

7/2) Nach G. D. S. 47 läßt sich das allgemeine Integral schreiben $r = C \cdot e^{\varkappa\varphi}$, wobei (r, φ) die Polarkoordinaten der neuen Koordinaten $(tx = \xi,\ y - sx = \eta)$ sind. Daraus gewinnt man die Differentialgleichung $\dfrac{dr}{d\varphi} = r \cdot \varkappa$

$$\frac{d\eta}{d\xi} = \frac{\frac{d\eta}{d\varphi}}{\frac{d\xi}{d\varphi}} = \frac{\frac{dr}{d\varphi} \sin\varphi + r \cos\varphi}{\frac{dr}{d\varphi} \cos\varphi - r \sin\varphi} = \frac{\varkappa\eta + \xi}{\varkappa\xi - \eta}.$$

7/3) Integration ergibt $\sqrt{|xy|} \cdot \text{sign.}\,(xy) = x^2 + y^2 + C$. Zu den Lösungen $x = 0$ und $y = 0$ tritt hier noch (für $C = 0$) eine Lemniskate mit dem Doppelpunkt im Nullpunkt, deren Äste die Achsen berühren.

7/4) $r = \dfrac{1}{\varphi + C}$. Strudelpunkt.

7/5) Die Kreise $r = \dfrac{1}{n\pi}$ sind singuläre Lösungen. Aus dem allgemeinen Integral

$$\int_{r_0}^{r} \frac{d\varrho}{\varrho^2 \sin\frac{1}{\varrho}} = \varphi + C = -\int \frac{dt}{\sin t} = -\log tg \frac{1}{2\varrho}\Bigg|_{r_0}^{r}$$

ergeben sich für

$$\frac{1}{n\pi} > r_0, r > \frac{1}{(n+1)\pi}$$

und beliebige C diejenigen nicht geschlossenen Integralkurven, die sich an die Grenzzyklen $r = \frac{1}{n\pi}$ und $r = \frac{1}{(n+1)\pi}$ heranwinden.

7/6) Einführung der Polarkoordinaten:

$$\frac{dr}{d\varphi} = r \cdot \log r; \quad \varphi = C + \log\log\frac{1}{r}. \quad \text{Strudelpunkt!}$$

7/7) und 7/8) sind lineare Differentialgleichungen, aus deren allgemeinem Integral sich leicht die Behauptungen ergeben. Zum Zeichnen des Richtungsfeldes beachtet man $p = tg\,\varphi + \varepsilon(|x|)$. Man wende auch die Berührungstransformation 1 S. 30 an und vergleiche die Kurvenbilder.

Kapitel II. Differentialgleichungen höherer Ordnung

§ 1. Nichtlineare integrable Typen

1) $$y'' + y' \cdot \operatorname{tg} x - \sin 2x = 0.$$

Die Gleichung enthält nicht y, ist also von 1. Ordnung in $p = y'$.

Lösung: $y = c_1 \sin x - x - \frac{1}{2}\sin 2x + c_2.$

2) $$yy'' + e^{2x} \cdot y'^2 + \cos x \cdot y'\, y = 0.$$

Die Gleichung ist homogen in y, y', y''. $y'/y = u$ setzen:

$$u' + u^2 + e^{2x} \cdot u^2 + \cos x \cdot u = 0.$$

Das ist eine Bernoullische Gleichung für u.

$$u^{-1} = e^{\sin x} \cdot \int e^{-\sin x} \cdot (1 + e^{2x})\, dx + C_1 \cdot e^{\sin x}$$

$$y = C_2 \cdot e^{\int u(x)\, dx}.$$

3) $$y \cdot y'' - y'^2 + \sin 2x \cdot e^{3x} \cdot y^2 + 5y'\, y = 0.$$

Wie in 2.

$$u' + 5u + \sin 2x \cdot e^{3x} = 0$$

$$34u = (-4 \cdot \sin 2x + \cos 2x) \cdot e^{3x} + C_1 \cdot e^{-5x}.$$

4) $$(3-y)\,y''-y'^2+4yy'=0$$

x kommt nicht vor. Also: $y'=p(y)$

$$p\left((3-y)\,\frac{dp}{dy}-p+4y\right)=0.$$

a) $p=0,\ y=c_1.$

b) $$p=\frac{C_1}{y-3}+\frac{2y^2}{y-3}\,;\ x+C_2=\int\frac{(y-3)\,dy}{C_1+2y^2}.$$

5) $$y''+ay'^2+by=0;\ y'=p(y).$$

$p\,\dfrac{dp}{dy}+ap^2+by=0$; linear in $u=p^2$; $u'+2au+2by=0$;

$p^2=u=b/2a^2-y\,b/a+c_1\exp(-2ay)$; $dx=dy:\sqrt{u(y)}$;
Quadratur ergibt das allgemeine Integral:

$$x=\int dy:\sqrt{u(y)}+C_2.$$

Homogene Differentialgleichungen

In der Physik sagt man von einer Größe, sie besitze bezüglich m die Dimension 2, wenn sie sich mit t^2 multipliziert, falls das Maß m in $t\,m$ geändert wird, für jede beliebige Zahl t. Allgemeiner kann man von einer Funktion $f(x)$ sagen, sie besitze bezüglich x die Dimension r, wenn identisch in t

$$f(tx)=t^r\cdot f(x).$$

Man sagt auch: f ist homogen in x vom Grade r. In einer Funktion von mehreren unabhängigen Veränderlichen $F(x, y, z, \ldots)$ kann man willkürlich jeder Veränderlichen eine Dimension beilegen, etwa x die Dimension α, y die Dimension β usw. F hat die Dimension r, wenn

$$F(t^\alpha x, t^\beta y, t^\gamma z, \ldots)=t^r\cdot F(x, y, z, \ldots)$$

ist.

Schreibt man in einer Differentialgleichung x die Dimension α zu, y die Dimension β, so hat offenbar $y^{(\varkappa)}$ die Dimension $\beta - \varkappa\alpha$. Gilt also für die Differentialgleichung $F(x, y, y', y'') = 0$ die Identität:

$$F(t^\alpha x, t^\beta y, t^{\beta-\alpha} y', t^{\beta-2\alpha} \cdot y'') = t^r F(x, y, y', y''),$$

so heißt F homogen (oder gleichgradig) vom Grade r. Dann läßt sich die Ordnung von $F = 0$ um eins erniedrigen durch die Transformation ($\alpha \neq 0$)

$$\xi = \frac{1}{\alpha} \log |x|; \; \eta = y \cdot |x|^{-\frac{\beta}{\alpha}}, \text{ anders geschrieben:}$$

$$|x| = e^{\alpha\xi}, \; y = e^{\beta\xi} \cdot \eta$$

$$\frac{dy}{dx} = \frac{dy}{d\xi} \cdot \frac{d\xi}{dx} = \left(\beta \cdot e^{\beta\xi} \cdot \eta + e^{\beta\xi} \cdot \frac{d\eta}{d\xi}\right) \cdot \frac{1}{\alpha} \cdot e^{-\alpha\xi}$$

$$= \frac{1}{\alpha} \cdot e^{(\beta-\alpha)\xi} \cdot \left(\beta\eta + \frac{d\eta}{d\xi}\right); \; \frac{d}{dx}\left(\frac{dy}{dx}\right) = \frac{d}{d\xi}\left(\frac{dy}{dx}\right) \cdot \frac{d\xi}{dx}$$

$$= \frac{d}{d\xi}\left(\frac{1}{\alpha} \cdot e^{(\beta-\alpha)\xi} \cdot \left(\beta\eta + \frac{d\eta}{d\xi}\right)\right) \cdot \frac{1}{\alpha} \cdot e^{-\alpha\xi}$$

$$= \frac{\beta - \alpha}{\alpha^2} \cdot e^{(\beta-2\alpha)\xi} \cdot \left(\beta\eta + \frac{d\eta}{d\xi}\right) + \frac{1}{\alpha^2} \cdot e^{(\beta-2\alpha)\xi}\left(\beta\frac{d\eta}{d\xi} + \frac{d^2\eta}{d\xi^2}\right)$$

$$= \frac{1}{\alpha^2} e^{(\beta-2\alpha)\xi} \cdot \left\{(\beta^2 - \alpha\beta)\,\eta + (2\beta - \alpha)\frac{d\eta}{d\xi} + \frac{d^2\eta}{d\xi^2}\right\}.$$

Für $t = e^{-\xi}$ ergibt sich aus der obigen Identität

$$0 = e^{r\xi} F(x, y, y', y'') =$$

$$F\left(1, \eta, \frac{1}{\alpha} \cdot \left(\beta\eta + \frac{d\eta}{d\xi}\right), \frac{1}{\alpha^2}\left((\beta^2 - \alpha\beta)\,\eta + (2\beta - \alpha)\frac{d\eta}{d\xi} + \frac{d^2\eta}{d\xi^2}\right)\right),$$

d. h. eine Gleichung $f\left(\eta, \frac{d\eta}{d\xi}, \frac{d^2\eta}{d\xi^2}\right) = 0$, in der die Variable ξ nicht vorkommt, und die sich also in der Ordnung um 1 erniedrigen läßt. Es bedeutet, wie man sieht, für $\alpha \neq 0$ keine Einschränkung $\alpha = 1$ zu wählen.

Beispiel. $3x^4 y'' - 3x^3 y' - x^2 y'^2 + 4y^2 = 0$.

Die Dimension von y sei β. Sollen der erste und letzte Summand gleiche Dimensionen haben, so muß sein $2\beta = 4 + \beta - 2$, also $\beta = 2$. Dann haben alle Summanden die Dimension 4.

$x = e^{\xi}, \quad y = e^{2\xi} \cdot \eta$

$3 \cdot (2\eta + 3\eta' + \eta'') - 3(2\eta + \eta') - (2\eta + \eta')^2 + 4\eta^2 = 0$

$3\eta'' + 6\eta' - 4\eta\eta' - \eta'^2 = 0.$

η wird unabhängige Veränderliche. $\eta' = p$ die unbekannte Funktion.

$$3p \cdot \frac{dp}{d\eta} + 6p - 4\eta p - p^2 = 0.$$

$$p = 0; \quad 3 \cdot \frac{dp}{d\eta} - p + 6 - 4\eta = 0.$$

Aus $p = 0$ folgt $\eta = c_1$, d. h. $y = c_1 \cdot x^2$. Die zweite Gleichung ergibt

$$p = c_1 \cdot exp(\eta/3) - 4\eta - 6$$

$$d\xi = \frac{d\eta}{c_1 \cdot exp(\eta/3) - 4\eta - 6}$$

$$\xi - \int \frac{d\eta}{c_1 \cdot exp(\eta/3) - 4\eta - 6} - c_2 = 0.$$

Das allgemeine Integral hat die Gestalt

$$\psi(\xi, \eta, c_1, c_2) = \psi\left(\log|x|, \frac{y}{x^2}, c_1, c_2\right) = \varphi(x, y, c_1, c_2) = 0.$$

Die Quadratur läßt sich für $c_1 = 0$ durchführen.

Exakte Differentialgleichungen

Eine Differentialgleichung $F = 0$ heißt exakt, wenn es eine Funktion $\Phi(x, y, \ldots y^{(n-1)})$ gibt, so daß $F = \frac{d}{dx}(\Phi)$. Offensichtlich ist dann F linear in $y^{(n)}(x)$. Multiplikator einer Differentialgleichung $F = 0$ heißt eine Größe $u\,(x, y, \ldots y^{(n-1)})$ derart, daß $u \cdot F$ exakt ist. Offenbar läßt sich bei einer exakten

Differentialgleichung die Ordnung um 1 erniedrigen. Wegen $u \cdot F = \frac{d}{dx}(\Phi)$ ist eine Lösung von $F = 0$ zugleich auch Lösung von $\Phi = c$, es sei denn, daß sie zugleich Lösung von $u^{-1} = 0$ ist. Es genügt daher, die beiden Differentialgleichungen niedrigerer Ordnung $\Phi = c$ und $u^{-1} = 0$ zu kennen. Es gibt natürlich keine Methode, einen Multiplikator zu finden. Aber man kann immer feststellen, ob eine vorgelegte Gleichung $F(x, y, y', \ldots y^{(n)}) = 0$ exakt ist. Zunächst muß sie linear in $y^{(n)}$ sein. Sei das der Fall: $F = F_1 \cdot y^{(n)}(x) + F_2$; $F_{1, 2}(x, y, \ldots y^{(n-1)})$.

Es sei $\Phi_1(x, y, y', \ldots y^{(n-1)}) = \int F_1(x, \ldots y^{(n-1)})\, \partial y^{(n-1)}$. (Beim Integrieren ist $y^{(n-1)}$ die einzige Variable, alles andere konstant.) Φ_1 ist bis auf eine additive, nur von $x, y, \ldots, y^{(n-2)}$ abhängige Größe bestimmt. Es ist $f = F - \frac{d\Phi_1}{dx}$ zugleich mit F exakt oder nicht exakt, enthält aber nur $x, y, \ldots, y^{(n-1)}$. Mit f verfährt man so wie mit F. Nach höchstens n Schritten hat man festgestellt, von welchem Ausdruck $\Phi(x, y, \ldots, y^{(n-1)})$ das gegebene F totale Ableitung ist oder aber, daß F nicht exakt ist.

Beispiel: $2xyy'y'' - y^2y'' + xy'^3 - yy'^2 - 2yy' + 2x = F$

$$F_1 = 2xyy' - y^2; \quad \Phi_1 = xyy'^2 - y^2y'; \quad F - \frac{d\Phi_1}{dx} = 2x;$$

$$F = \frac{d}{dx}(\Phi_1 + x^2).$$

Schreibt man die Differentialgleichung $F = F_1 y^{(n)} + F_2 = 0$ als ein System: $y_i' = y_{i+1}$ $(i = 1, \ldots, n-1)$, $F_1(x, y_1, \ldots, y_n)\, y_n' + F_2(x, y_1, \ldots, y_n) = 0$, so ergibt Exaktheit von $F\left(= \frac{d\Phi}{dx}\right)$ unmittelbar ein Vorintegral: $\Phi(x, y_1, \ldots, y_n) = c$ (s. P. D. S. 8). Doch ist die konstruktive Herleitung eines Vorintegrals bei einem allgemeinen Simultansystem erster

Ordnung nur ausnahmsweise möglich. Für den hier wichtigen Zusammenhang zwischen dem vollständigen Integral einer partiellen Differentialgleichung erster Ordnung und dem Integral des zugehörigen gewöhnlichen Simultansystems, des sog. Charakteristikensystems, wird auf P. D. S. 10, 14 verwiesen.

Es wird t an Stelle von x und x_i für y_i geschrieben.

$$(14)\quad \frac{dx_1}{dt} = f_1(x_1, \ldots, x_n); \ldots; \quad \frac{dx_n}{dt} = f_n(x_1, \ldots x_n)$$

$$\text{oder} \quad \frac{dx_1}{f_1} = \frac{dx_2}{f_2} = \frac{dx_n}{f_n} (= dt)$$

ist das System für die unbekannten Funktionen $x_1(t), \ldots, x_n(t)$. Die f enthalten also nicht t. Übrigens läßt sich jedes System auf diese Form bringen, indem t als neue Veränderliche x_{n+1} bezeichnet wird. Das allgemeine Integral von (14) läßt sich entweder explizit aufschreiben

$$(\alpha)\quad x_1 = \psi_1(t; c_1, \ldots, c_n); \ldots; x_n = \psi_n(t; c_1, \ldots, c_n)$$

(dabei bedeutet etwa c_i den Wert von x_i für $t = 0$) oder in impliziter Form

$$(\beta)\quad \Phi_1(x_1, \ldots, x_n) = C_1, \ldots, \Phi_{n-1}(x_1, \ldots, x_n) = C_{n-1}.$$

Die implizite Darstellung ist für alle Anwendungen wichtiger; aber natürlich kann man aus der einen die andere gewinnen. In der Tat ist in (β), da ja die Φ_i unabhängig sein müssen, falls wirklich das allgemeine Integral vorliegen soll, eine $(n-1)$-reihige Funktionaldeterminante verschieden von Null, also etwa

$$\frac{\partial(\Phi_1, \ldots, \Phi_{n-1})}{\partial(x_1, \ldots, x_{n-1})}.$$

Mithin lassen sich die $x_1, \ldots, x_{n-1}$ als Funktionen von x_n und den C darstellen

$$x_i = \varphi_i(x_n; C_1, \ldots, C_{n-1}) \; (i = 1, \ldots, n-1).$$

Dazu fügen wir

$$x_n = t + c_n; \quad \text{setzen } C_i = \Phi_i(c_1, \ldots, c_n)$$

und erhalten so

$$x_i = \varphi_i(t + c_n;\ C_1, \ldots, C_{n-1}) = \psi_i(t, c_1, \ldots, c_n)$$
$$(i = 1, \ldots, n-1),\ x_n = t + c_n (= \psi_n).$$

Damit ist aus Form (β) die Form (α) erreicht. Wie man von (α) zu (β) kommt, ist in P. D. S. 7, 8 gezeigt. In der Praxis verfährt man einfach so, daß man die bequemste Möglichkeit sucht, t zu eliminieren. In den übrigbleibenden ($n-1$)-Gleichungen werden sich dann von selbst die $c_1, \ldots, c_n$ durch ($n-1$) Konstante ersetzen lassen, nach denen man auflöst.

$$\frac{dx}{y+z} = \frac{d}{x+z} = \frac{dz}{x+y}\ (= dt).$$

Aus Symmetriegründen findet man hier leicht ein Vorintegral. Es ist

$$\begin{aligned} d(x-y) &= (y-x)\,dt; & (x-y)\,e^t &= c_1 \\ d(x-z) &= (z-x)\,dt; & (x-z)\,e^t &= c_2. \quad (\alpha') \\ d(y-z) &= (z-y)\,dt; & (y-z)\,e^t &= c_3 \end{aligned}$$

$$(\beta')\quad h_1 = \frac{x-y}{x-z} = C_1; \qquad h_2 = \frac{x-y}{y-z} = C_2.$$

Aus (α') läßt sich natürlich leicht x, y, z als Funktion von t gewinnen. Da mit h_1 und h_2 ja auch $w(h_1, h_2)$ Vorintegral wird, so kann man leicht zu einem scheinbar ganz anderen Resultat kommen. Z. B. ist

$$d(x+y+z) = 2(x+y+z)\,dt; \quad x+y+z = e^{2t} c_4.$$

Also z. B.

$$\overline{h_1} = (x+y+z)(x-y)^2 = \overline{C_1} (= c_4 c_1^2);$$
$$\overline{h_2} = (x+y+z)(2x-y-z)^2 = \overline{C_2}\ (= c_4(c_1-c_2)^2).$$

Es ist keineswegs immer leicht zu erkennen, daß sich die anderen Vorintegrale durch die alten ausdrücken lassen, da das allgemeine Kriterium — Verschwinden von Funktionaldeterminanten — unhandlich ist.

Hat man in einem Simultansystem ein Vorintegral h_1 gefunden, so kann man nunmehr die Ordnung des Systems um eins erniedrigen. Man rechnet in $h = c_1$ eine Veränderliche, z. B. x_n aus: $x_n = \varphi(x_1, \ldots, x_{n-1}, c_1)$ und erhält das System

$$\frac{dx_1}{f_1^*} = \ldots = \frac{dx_{n-1}}{f_{n-1}^*}; \quad f_i^* = f_i(x_1, \ldots, x_{n-1}, \varphi).$$

Ist hier

$$h_i^*(x_1, \ldots, x_{n-1}, c_1) = c_i (i = 2, \ldots, n)$$

das allgemeine Integral, so ist

$$h_1 = c_1; \quad h_i(x_1, \ldots, x_n) = h_i^*(x_1, \ldots, x_{n-1}, h_1) = c_i \qquad (i = 2, \ldots, n)$$

das allgemeine Integral des ursprünglichen Systems. Bsp.:

$$\frac{dx}{x} = \frac{dy}{2x + 3y} = \frac{dz}{5y - x + 2z}; \; (2x + 3y)\, dx = x\, dy \text{ führt zu}$$

$$y = -x + c_1 x^3, \quad \text{d. h.} \quad h_1 \equiv (x + y)\, x^{-3} = c_1$$

$$\frac{dx}{x} = \frac{dz}{-5(x - c_1 x^3) - x + 2z}$$

ergibt
$$x \frac{dz}{dx} = 2z - 6x + 5c_1 x^3,$$

woraus
$$z = c_2 x^2 + 6x + 5\, c_1 x^3.$$

$$h_2^* = \frac{z - 6x - 5c_1 x^3}{x^2} = c_2; \quad h_2 = \frac{z - 11x - 5y}{x^2} = c_2.$$

Eine Parameterdarstellung ergibt sich sofort für $x = t + c_3$; $y = -t - c_3 + c_1(t + c_3)^3$; $z = 11(t + c_3) + 5(-t - c_3 + c_1(t + c_3)^3) + c_2(t + c_3)^2$. Man könnte natürlich auch direkt zu einer Parameterdarstellung kommen, wenn man das System als lineares auffaßt

$$\frac{dx}{dt} = x; \quad \frac{dy}{dt} = 2x + 3y; \quad \frac{dz}{dt} = 5y - x + 2z$$

und nach G. D. 83, 84 verfährt.

Der Zusammenhang zwischen einer partiellen Diffgl. und dem zugehörigen Charakteristikensystem wird besonders einfach bei den linearen Diffgl. Die Gleichung

$$(\gamma) \qquad f(x, y, z)\, p + g(x, y, z)\, q - h(x, y, z) = 0$$

fordert, daß die Normale an eine Integralfläche orthogonal ist zum Vektor (f, g, h). Andererseits liefert das Simultansystem

$$(\gamma') \qquad \frac{dx}{f} = \frac{dy}{g} = \frac{dz}{h}$$

als Lösungen Kurven, deren Tangenten parallel dem Vektor (f, g, h) sind. Ist $\varphi_1(x, y, z) = c_1$, $\varphi_2(x, y, z) = c_2$ das Integral von (γ'), so sind $\omega(\varphi_1, \varphi_2) = 0$ Flächen durch Kurven von (γ'). Durch jeden Punkt einer solchen Fläche geht eine Kurve (γ'); deren Tangentenrichtung ist also $f : g : h$. Die Normale der Fläche steht daher senkrecht dazu; die Fläche ist also Lösungsfläche von (γ). Die Integration von (γ') ist zugleich Integration von (γ).

$$xp - q - (y + z) = 0; \quad \frac{dx}{x} = \frac{dy}{-1} = \frac{dz}{y+z}.$$

Aus $x^{-1}\,dx + dy = 0$ folgt $\log x + y = \bar{c}_1$ oder $xe^y = \varphi_1 = c_1$; aus $(y + z)dy + dz = 0$, einer für z linearen Gleichung, folgt

$$z = -y + 1 + c_2 e^{-y} \quad \text{oder} \quad (z + y - 1)\, e^y = \varphi_2 = c_2.$$

$$\varphi = \omega(\varphi_1, \varphi_2) = 0 \quad \text{bzw.} \quad \varphi_2 = \omega(\varphi_1), \quad \text{d. h.} \quad z = 1 - y + e^{-y}\omega(xe^y)$$

ist das allgemeine Integral. In (γ) hat die z-Koordinate insofern eine bevorzugte Stellung, weil die Fläche durch die Parameter x, y darstellbar vorausgesetzt wird. Die allgemeinste Bedeutung von (γ) wäre natürlich: Gesucht alle Flächen $x = x(u, v)$, $y = y(u, v)$, $z = z(u, v)$, deren normale Richtung orthogonal zu $f : g : h$ ist. Die Fläche $\omega(\varphi_1, \varphi_2) = \varphi_1 - 1$, d. h. $x = e^{-u}$, $y = u$, $z = v$ erfüllt diese Bedingung, ist also Integralfläche (p und q sind beide unendlich). Bsp.:

$$(z^2 - 2yz - y^2)\, p + (xy + xz)\, q = xy - xz,$$

$$\frac{dx}{z^2 - 2yz - y^2} = \frac{dy}{x(y+z)} = \frac{dz}{x(y-z)}$$

$$\frac{dy}{y+z} = \frac{dz}{y-z}; \quad y\,dy - z\,dz - (z\,dy + y\,dz) = 0;$$

$$\varphi_1 = y^2 - z^2 - 2yz = c_1.$$

Wir müssen y bzw. z ausmerzen mit Hilfe von $\varphi_1 = c_1$, oder wir müssen eine integrable Kombination von dx, dy, dz suchen.

$$\frac{x\,dx}{c_1 + 2(z^2 - y^2)} = \frac{dy}{y+z} = \frac{dz}{y-z}.$$

Da zur Benutzung von $\varphi_1 = c_1$ quadratische Glieder in y und z nötig sind, bildet man $x\,dx = (c_1 + 2(z^2 - y^2))\,dt$; $y\,dy = (y^2 + zy)\,dt$; $z\,dz = (zy - z^2)\,dt$. Man sieht sofort

$$x\,dx + y\,dy + z\,dz = (c_1 - c_1)\,dt = 0,$$
$$\varphi_2 = x^2 + y^2 + z^2 = c_2.$$

$\omega(\varphi_1, \varphi_2) = 0$ ist das allgemeine Integral.

Daß $\varphi = \omega(\varphi_1, \varphi_2)$ alle Lösungen der Gleichung

$$(\delta) \qquad f\varphi_x + g\varphi_y + h\varphi_z = 0$$

enthält, ist P. D. 7 gezeigt. Sind auch $\omega(\varphi_1, \varphi_2) = 0$ alle Lösungen von (γ)? Das heißt: ist für jede Lösung $\varphi = 0$ von (γ) auch φ eine Lösung von (δ)? Das ist nur dann der Fall, wenn $\varphi = 0$ eine solche Lösung von (γ) ist, für die die Gleichung (γ) identisch in x, y, z gilt. Es kann aber auch sein, daß die Gleichung (γ) nur unter Berücksichtigung der Relation $\varphi = 0$ erfüllt ist. Dann heißt φ ein spezielles Integral, und es braucht nicht (δ) erfüllt zu sein, also auch nicht φ in der Form $\omega(\varphi_1, \varphi_2)$ darstellbar zu sein. Vielfach ist es dann aber so, daß $\varphi_1 = \varphi\,\Theta(x, y, z)$, wo $\Theta \neq 0$ ist, zum allgemeinen Integral von (δ) gehört. Beispiel:

$$x(z^2 - x^2 - y^2)\,q + y(zp - x) = 0$$

$$\frac{dx}{yz} = \frac{dy}{x(z^2 - x^2 - y^2)} = \frac{dz}{xy}$$

$$x\,dx - z\,dz = 0; \quad \varphi_1 = z^2 - x^2 = c_1.$$

$$\frac{y\,dy}{c_1 - y^2} = dz; \quad z + \tfrac{1}{2}\log(c_1 - y^2) = c_2^*$$

$\overline{\varphi}_2 = z + \frac{1}{2}\log(z^2 - x^2 - y^2)$; $e^{2\overline{\varphi}_2} = \varphi_2 = (z^2 - x^2 - y^2)\,e^{2z} = c_2$. $\omega(\varphi_1, \varphi_2) = 0$ ist das allgemeine Integral. Andererseits ist $\psi = z^2 - x^2 - y^2 = 0$ eine (spezielle) Lösung; ψ ist nicht als $\omega(\varphi_1, \varphi_2)$ darstellbar, wohl aber die Funktion $\psi e^{2z} = \psi_1$, $\psi_1 = 0$ und $\psi = 0$ sind aber identisch. Ein eingehenderes Studium und einen Versuch zur Klassifikation der speziellen Integrale findet man bei Hill (London Math. Proc. Soc. 1917).

Bei der linearen Gleichung mit n Veränderlichen treten keine neuen Schwierigkeiten auf; $\left(p_i = \frac{\partial z}{\partial x_i}\right)$.

$A_1(x_1, \ldots, x_n)\, p_1 + \cdots + A_n(x_1, \ldots, x_n)\, p_n = B(x_1, \ldots, x_n)\ (\varepsilon)$
n unabhängige Integralfunktionen $\varphi_i(x_1, \ldots x_n, z) = c_i$ des Systems

$$\frac{dx_1}{A_1} = \ldots = \frac{dx_n}{A_n} = \frac{dz}{B}$$

ergeben das allgemeine Integral $\omega(\varphi_1, \ldots, \varphi_n) = 0$ von (ε).

$p_1 + p_2 + p_3 = 2z$; $\frac{dx_1}{1} = \frac{dx_2}{1} = \frac{dx_3}{1} = \frac{dz}{2z}$; $\varphi_1 = x_1 - x_2$; $\varphi_2 = x_1 - x_3$; $\varphi_3 = ze^{-2x_1}$; $\omega(\varphi_1, \varphi_2, \varphi_3) = 0$, insbesondere $z = e^{2x_1}\omega(x_1 - x_2, x_1 - x_3)$ ist das allgemeine Integral.

Aufgaben

1) $yy'' = y'^2 + y'$; 2) $y^3y'' + 1 = 0$.

Zur Abkürzung schreibt man oft r für $y''(x)$.

3) Wann ist $r \cdot f(x, y, p) + g(x, y, p)$ exakt?

4) $2xyr = -2xp^2 + yp$. 5) $ry - p^2 = 0$.

6) $r - f(x) \cdot g(p) = 0$. 7) $r - f(y) \cdot g(p) = 0$.

8) $2r + p - 1 + r\frac{y - x}{p} = 0$.

9) $yr + p^2 + 4 = 0$; Kurvenbild.

10) $2yp^2 - y^2r - 2p^3r = 0$.

11) $px - y + x^2r = r(px - y)(3px - y)$.

12) $xyy'' - 2xy'^2 - ayy' = 0$.

13) $pr - x^2yp - xy^2 = 0$.

14) $(y^2 + x^2)r + 2yy'^2 + 4xy' + 2y = 0$.

15) $(y^2y' + 4x^2)y'' + yy'^3 + 12xy' + 4y = 0$.

16) $y''^2 = ay + b$. 17) $xy'' + yy' = 0$.
18) $xy'' - 2x^2y'^2 + 2y' + 2y^2 = 0$.
19) $xy'' = a(xy' - y)^m$. 20) $xy'' - y''^2 - y' = 0$.

Die folgenden Simultansysteme sind zu integrieren, die zugehörigen partiellen Diffgl. anzugeben sowie deren allgemeines Integral.

21) $$\frac{dx}{x(x^2-y^2)+4xy^2} = \frac{dy}{4x^2y - y(x^2-y^2)} = \frac{dz}{2(x^2+y^2)z}.$$

22) $$\frac{dx}{\sqrt{X} - z + 1} = \frac{dy}{\sqrt{X} - z - 1} = dz. \quad (X = z^2 + x + y).$$

23) $$\frac{dx}{2yz} = \frac{dy}{-xz} = \frac{dz}{-xy}.$$

Lösungen

1) x fehlt. $p = p(y)$, $r = p'(y) \cdot p$, $p(yp'(y) - p - 1) = 0$; $p = 0$, d. h. $y = c$; $yp' - p = 1$, d. h. $p = -1 + c_1 y$, d. h. $y = c_1^{-1} + c_2 e^{c_1 x}$. (Hierin ist $y = c$ enthalten für $c_2 = 0$.)

2) $y^3 \dfrac{dp}{dy} p = -1$; $p^2 = y^{-2} + c_1$; $dx = dy : \sqrt{c_1 + y^{-2}}$;

$$x = \int \frac{y\,dy}{\sqrt{c_1 y^2 + 1}} + c_2; (x - c_2)^2 - \frac{1}{c_1^2}(c_1 y^2 + 1) = 0.$$

3) $y'' f(x, y, y') + g(x, y, y')$ soll längs einer beliebigen Kurve $y(x)$ ein totales Differential sein. Da y' und y'' unabhängig vom einzelnen y-Wert sind, so folgt aus $rf + g = \dfrac{d}{dx}(h(x, y, p))$, daß $h_y = g_p - f_x - f_y p$; $h_x = g - pg_p + pf_x + p^2 f_y$; $h_p = f$, also $h = \int\limits_0^p f \partial p + \varphi(x, y)$ ist, wobei sich wegen $h_x + h_y \cdot p = g$ ergibt:

$$g - \int\limits_0^p f_x \partial p - \int\limits_0^p f_y \partial p \cdot p = \varphi_x + \varphi_y \cdot p. \qquad \text{(II)}$$

Daher muß sein

$$g_{pp} - f_{xp} - 2f_y - pf_{yp} = 0. \qquad \text{(I)}$$

(I) ist also notwendige Bedingung. Umgekehrt folgt aus (I)

$$g - \int_0^p f_x \partial p - p \int_0^p f_y \partial p = A(x, y)\, p + B(x, y).$$

Offenbar ist $B(x, y) = g(x, y, 0)$ und $A(x, y)$ gleich der Ableitung nach p der linken Seite an der Stelle $p = 0$: $A(x, y) = g_p(x, y, 0) - f_x(x, y, 0)$. φ existiert, wenn $A_x = B_y$ ist. Es muß also

$$g_{px}(x, y, 0) - f_{xx}(x, y, 0) = g_y(x, y, 0) \qquad (\mathrm{I}')$$

sein. (I) und (I′) sind also hinreichend. Sie sind auch notwendig, weil (I′) aus (II) folgt, indem in (II) nach p und x differenziert und ein andermal nach y differenziert wird.

4) $$2x \frac{d}{dx}(py) = py; \log py = \frac{1}{2} \log x + C;$$
$$py = \bar{c}_1 x^{\frac{1}{2}}; \quad y^2 = c_1 x^{\frac{3}{2}} + c_2.$$

5) $$\frac{d}{dx}\left(\frac{p}{y}\right) = 0; \quad \frac{p}{y} = c_1; \quad y = c_2 e^{c_1 x}.$$

6) $$\frac{dp}{g(p)} = f(x) dx; \int \frac{dp}{g(p)} - \int f(x)\, dx = G(p) - F(x) = c;$$

je nach Bequemlichkeit löst man nach x oder nach p auf. $p = \varphi(x, c_1)$; $y = \int \varphi dx + c_2$; oder $x = H(p, c_1)$; $dy = pH'dp$;

$$\{y = \int pH'dp + c_2 = H_1(p, c_1) + c_2,\ x = H(p, c_1)\}.$$

7) $$p \frac{dp}{dy} = f(y)\, g(p); \int p \frac{dp}{g} - \int f dy = c_1;$$
$$\left\{y = H(p, c_1); x = \int \frac{H'}{p}\, dp + c_2\right\}.$$

8) $$r(2p + y - x) + p^2 - p = \frac{d}{dx}(p^2 + py - xp) = 0;$$

$p^2 + py - xp = c_1, y - x = u$; $q = u' = p - 1$; $(q + 1)^2 + (q + 1)\, u = c_1$; x kommt nicht vor.

$$q + 1 = -\frac{u}{2} \pm \sqrt{\frac{u^2}{4} + c_1};$$

$$x = \int \frac{du}{-1 - \frac{u}{2} \pm \sqrt{\frac{u^2}{4} + c_1}} + c_2; \quad y = u + x(u)$$

9) $d(yp) = -4dx$; $yp = -4x + \bar{c}_1$; $y^2 = -4x^2 + 4c_1 x + \bar{c}_2$ $y^2 + (2x - c_1)^2 = c_2$; alle Ellipsen mit dem Mittelpunkt auf der

x-Achse, deren Achsen sich wie $1:\sqrt{2}$ verhalten, wobei die größere Achse die Richtung der y-Achse hat.

10) $p^2 d\left(\frac{y^2}{p}\right) - p^2 d(p^2) = 0$; 1) $p = 0$; $y = c$ (sing. Integrale)

2) $\frac{y^2}{p} - p^2 = c_1$; $y = \sqrt{c_1 p + p^3}$; $dx = \frac{dy}{p} = \frac{c_1 + 3p^2}{2p\sqrt{c_1 p + p^3}}\, dp$
$= \varphi(p, c_1)\, dp$; $\{x = \int \varphi(p, c_1)\, dp + c_2;\ \ y = \sqrt{c_1 p + p^3}\}$.

11) Die B. Tr. $X = p$, $P = x$, $Y = px - y$, ergibt für $R = \frac{dP}{dX}$: $0 = dP - R\,dX = dx - R\,dp = -R\left(dp - \frac{1}{R}\,dx\right)$; also $\frac{1}{R} = \frac{dp}{dx} = r$. Die geg. Diffgl. geht daher über in
$Y + P^2 R^{-1} = R^{-1} Y(3PX - PX + Y)$; $RY + P^2 = 2PYX + Y^2$;
$d(YP - XY^2) = 0$; $YP - XY^2 = c_1$; $Y^2 = U$; $U' - 2XU = 2c_1$;
$$U - (c_2 e^{X^2} + 2c_1 e^{X^2} \int e^{-X^2} dX) = \Phi(X, Y;\ c_1, c_2) = 0.$$
Aus $\Phi = 0$; $\Phi_X + \Phi_Y P = 0$ ergeben sich, wenn die kleinen Buchstaben eingeführt werden, $x = x(p, c_1, c_2)$, $y = y(p, c_1, c_2)$. Das ist das allgemeine Integral.

12) Homogen in y, y', y''; $u = \frac{y'}{y}$, $x(u' + u^2) - 2xu^2 - au = 0$

$xu' - au - xu^2 = 0$; $\frac{1}{u} = c_1 x^{-a} - \frac{x}{a+1}$ für $a \neq -1$;

$\log y = \int \frac{1}{c_1 x^{-a} - \frac{x}{a+1}}\, dx + c_2$; $a = -1$: $\frac{1}{u} = c_1 x - x \log x$;

$$\log y = \int \frac{dx}{x(c_1 + \log x)} + \bar{c}_2;\ \log y = \log(c_1 + \log x) + \bar{c}_2;$$
$$y = \bar{c}_2 \log x + \bar{c}_1;$$

13) Exakte Gleichung. $p^2 - x^2 y^2 = c_1$. Für $c_1 = 0$ z. B. $y = c \cdot \exp(\pm x^2/2)$.

14) Exakt; $y^2 p + x^2 p + 2xy = c_1$; $\frac{y^3}{3} + x^2 y = c_1 x + c_2$.

15) Exakt; $y^2 p^2 + 8x^2 p + 8xy = c$.

16) x fehlt; für $p(y)$ gilt $(pp')^2 = ay + b$; $p^2 = \frac{4}{3a}(ay + b)^{3/2}$ $+ c_1$, woraus $x = \frac{\sqrt{3a}}{2} \int (ay + b)^{-3/4}\, dy$.

17) Extrakt; $2xy' + (y-1)^2 = C$ (Riccati).

18) Gleichgradig; $\log x = \int (c_1 e^t + 2t + 1)^{-1}\, dt + c_2$, $y = 2t : x$

19) $x^{1-2m} y'' = a\left(\left(\frac{y}{x}\right)'\right)^m$; $y = ux$; $x^{1-2m}u'' + 2u' = au'^m$, $x^{1-2m}v' + 2v = av^m$ (Bernoulli).

20) Bernoullische Gleichung für $p = p(x)$.

21) Vorintegrale: $\varphi_1 = (x^2 - y^2)^2 (xy)^{-1}$; $\varphi_2 = z(x^2 - y^2)(xy)^{-1}$. Allgemeines Integral: $z = (x^2 - y^2)^{-1} xy\, w((x^2 - y^2)^2 (xy)^{-1})$.

22) Vorintegral: $\varphi_1 = x - y - 2z$; dies eingesetzt: $dy = dz\,(\sqrt{z^2 + 2z + 2y + c_1} - z - 1)$; $(u = z + 1)$: $dy = du(\sqrt{u^2 + 2y + c_1 - 1} - u)$; $d\left(y + \frac{u^2}{2}\right) = \sqrt{u^2 + 2y + c_1 - 1}\, du$; $v = 2y + u^2 : dv = 2\sqrt{v + c_1 - 1}\, du$; $u - \sqrt{v + c_1 - 1} = c_2$. Allgemeines Integral: $w(x - y - 2z,\ z + 1 - \sqrt{z^2 + x + y}) = 0$.

23) Vorintegrale: $\varphi_1 = y^2 - z^2$; $\varphi_2 = 2y^2 + x^2$. Allgemeines Integral: $\omega(y^2 - z^2, 2y^2 + x^2) = 0$ oder $x^2 = -2y^2 + \omega(y^2 - z^2)$; $z = 0 : x^2 = -2y^2 + \omega(y^2)$; es muß also $\omega(y^2) = y^2 +$; $\omega(t) = t + \sqrt{t}$. Fläche: $x^2 = -2y^2 + y^2 - z^2 + \sqrt{y^2 - z^2}$.

§ 2. Lineare Gleichungen. Operatorenmethode

Die Gleichungen (a_j konstant)

$$L(y) = \sum_{j=0}^{n} a_{n-j} y^{(j)} = 0 \quad \left(\text{bzw. } L(y) = \sum_{j=0}^{n} a_{n-j} x^j y^{(j)} = 0\right.$$

sind (siehe G. D. S. 76) unmittelbar integrabel. Entsprechendes gilt von den linearen Systemen (Matrix A konstant)

$$\frac{d\mathfrak{y}}{dx} = A\mathfrak{y} \quad \left(\text{bzw. } x\frac{d\mathfrak{y}}{dx} = A\mathfrak{y}\right).$$

Für $y_0 = e^{rx}$ wird $L(y_0) = y_0 \cdot l(r)$ und

$$L\left(\frac{\partial^k}{\partial r^k} y_0\right) = \frac{\partial^k}{\partial r^k} L(y_0) = \sum_{j=0}^{k} \binom{k}{j} l^{k-j}(r) \frac{\partial^j}{\partial r^j} y_0,$$

denn es ist $\frac{\partial^k y_0}{\partial r^k} = x^k e^{rx}$.

Um die Gleichung

$$L(y) = f(x) = \sum_{k=0}^{m} b_k x^k e^{rx} \tag{*}$$

zu lösen, setzt man an:

$$y = \sum_{k=0}^{m+N} B_k x^k e^{rx} = \sum_{k=0}^{m+N} B_k \frac{\partial^k y_0}{\partial r^k},$$

wobei N nur dann von Null verschieden ist, wenn r gleich einer genau N-fachen Wurzel von $l(r)$ ist. Es ist dann:

$$L(y) = \sum_{k=0}^{m+N} B_k L\left(\frac{\partial^k y_0}{\partial r^k}\right) = \sum_{k=0}^{m+N} B_k \sum_{j=0}^{k} \binom{k}{j} l^{(k-j)}(r) \frac{\partial^j y_0}{\partial r^j} =$$

$$= f(x) + \sum_k B_k \sum_j \binom{k}{j} l^{(k-j)}(r) \frac{\partial^j y_0}{\partial r^j} - \sum_{k=0}^{m} b_k \frac{\partial^k y_0}{\partial r^k} =$$

$$= f(x) + \sum_{k=0}^{m+N} \sum_{j=0}^{k} \frac{\partial^j y_0}{\partial r^j} B_k \binom{k}{j} l^{(k-j)}(r) - \sum_{k=0}^{m} b_k \frac{\partial^k y_0}{\partial r^k} =$$

$$= f(x) + \sum_{\sigma=0}^{m+N} \frac{\partial^\sigma y_0}{\partial r^\sigma} \left(\sum_{k=\sigma}^{m+N} B_k \binom{k}{\sigma} l^{(k-\sigma)}(r) - b_\sigma\right) = f(x),$$

falls die B_k so bestimmt werden, daß das Gleichungssystem

$$\sum_{k=\sigma}^{m+N} B_k \binom{k}{\sigma} l^{(k-\sigma)}(r) = b_\sigma, \quad (\sigma = 0, \ldots, m) \qquad (**)$$

erfüllt ist, wobei $b_\sigma = 0$ für $\sigma > m$ gesetzt wird.

Praktisch hat man bei gegebenem f der Gestalt (*) erst N zu bestimmen (zumeist dürfte $N = 0$ sein), dann das System (**) zu lösen, um damit unmittelbar eine Lösung der inhomogenen Gleichung zu haben. Ist $f(x) = \sum f_i(x)$, wo jedes $f_i(x)$ von der Gestalt (*) ist mit r_i statt r, $b_{i,k}$ für b_k und m_i statt m, so bestimmt man y_i aus $L(y_i) = f_i$. $y = \sum y_i$ ist dann offenbar die gesuchte (partikuläre) Lösung. (Entsprechend ist der Ansatz beim Ausdruck $L(y) = \sum_j a_{n-j} x^j y^{(j)}$ für $f(x) = \sum_k b_k (\log x)^k x^r$ mit $y = \sum_k B_k (\log x)^k x^r$ usw.) Auch für komplexe r bleibt alles gültig, so daß also, ins Reelle übersetzt, für $f(x) = b \sin rx$ der analoge Ansatz $B_1 \sin rx + B_2 \cos rx$ lautet.

Aufgaben

1) $y''' + y'' - 25y' - 25y = 2e^{2x} + 63xe^{2x}$.
2) $y''' - 3y' + 2y = 108e^{4x} + 6e^{x}$.
3) $y'' + 4y = \sin ax$.
4) $x^4y''' + 2x^3y'' - x^2y' + xy = (x - a)^2$.

Lösungen

1) Wurzeln der Indexgleichung: $r^3 + r^2 - 25r - 25 = (r + 1)(r - 5)(r + 5)$: $r_1 = -1$, $r_2 = 5$, $r_3 = -5$. Allgemeines Integral der hom. Gl.: $y = c_1e^{-x} + c_2e^{5x} + c_3e^{-5x}$. Ansatz zur Lösung der inhom. Gl.: $N = 0$; $y_0 = B_0e^{2x} + B_1xe^{2x}$; $B_0 = 1/9$; $B_1 = -1$; Allg. Int. d. inhom. Gl.: $y = \frac{1}{9}e^{2x} - xe^{2x} + c_1e^{-x} + c_2e^{5x} + c_3e^{-5x}$.

2) Indexgleichung: $r^3 - 3r + 2 = (r - 1)^2(r + 2)$; $r_{1,2} = 1$, $r_3 = -2$. Allg. Int. d. homogenen Gl. $y = c_1e^{-2x} + c_2e^{x} + c_3xe^{x}$. Partik. Int. d. inhom. Gl.: $y_0 = 2e^{4x} + x^2e^{x}$. Allg. Int. d. inhom. Gl.: $y = y_0 + c_1e^{-2x} + c_2e^{x} + c_3xe^{x}$.

3) hom. Gl.: $y_1 = \sin 2x$; $y_2 = \cos 2x$; Inh. Gl. $a \neq \pm 2$: Ansatz $y_0 = A \sin ax$; $A = 1 : (4 - a^2)$; allg. Int. $y = y_0 + c_1y_1 + c_2y_2$. $a = \pm 2$: Ansatz $y_0 = A_1x \sin 2x + A_2x \cos 2x$; $A_1 = 0$, $A_2 = \mp 1 : 4$.

4) $x^3y''' + 2x^2y'' - xy' + y = x - 2a + a^2x^{-1}$; hom. Gl. $y = x^r$; $l(r) = r(r - 1)(r - 2) + 2r(r - 1) - r + 1 = (r - 1)[r^2 - 2r + 2r - 1] = (r - 1)^2(r + 1)$; $y_1 = x$; $y_2 = x \log x$; $y_3 = x^{-1}$; Ansatz für inh. Gl.: $y_0 = A_1 x \log^2 x - 2a + Bx^{-1} \log x$; $A = {}^1/_4$; $B = a^2/4$. Allg. Int. $y = y_0 + c_1y_1 + c_2y_2 + c_3y_3$.

Operatorenmethode. D bezeichne jetzt die Operation $\frac{d}{dx}$, $D(y)$ das Resultat $\frac{dy}{dx}$. $DD = D^2$ bedeutet: $D\left(\frac{dy}{dx}\right) = \frac{d^2y}{dx^2}$. Entsprechend ist $D^\varkappa$ für jedes ganzzahlige positive $\varkappa$ erklärt. D^0 bedeutet die identische Operation $D^0(y) = y$. Es gelten für diese Potenzen die üblichen Rechenregeln. Eine lineare homogene Differentialgleichung läßt sich dann schreiben: $L(y) = 0$, wobei

$$L \equiv p_0(x) \cdot D^n + \cdots + p_n(x) \cdot D^0$$

ein Polynom in D ist (dessen Koeffizienten dem Körper der

reellen Funktionen angehören). Wir erinnern an die Division zweier Polynome $P(z) = a_0 \cdot z^n + \cdots + a_n$ und $Q(z) = b_0 z^m + \cdots + b_m$, die zu der Identität $P = P_1 \cdot Q + Q_1$ führt, wobei P_1 vom Grade $n - m$ und Q_1 vom Grade $m_1 < m$ ist. Dividiert man Q durch Q_1, $Q = P_2 \cdot Q_1 + Q_2$, und verfährt entsprechend mit Q_1 und Q_2, so verringert sich der Grad des Restes $Q_1, Q_2 \ldots$ usw. immer um mindestens 1: der Rest wird also einmal den Grad 0 haben.

$$Q_\varkappa = P_{\varkappa+2} \cdot Q_{\varkappa+1} + c.$$

Ist $c = 0$, dann ist $Q_{\varkappa+1}$ der gemeinsame Teiler von P und Q; sonst sind P und Q teilerfremd. Durch diesen Euklidschen Algorithmus läßt sich auch der gemeinsame Teiler zweier Polynome $L_1(D)$ und $L_2(D)$ feststellen, falls die Koeffizienten $p_0, p_1, \ldots$ konstant sind. Es seien jetzt von der Differentialgleichung $L(y) = 0$ bereits m verschiedene partikuläre Integrale bekannt. Man bestimmt dann die Differentialgleichung m-ter Ordnung, die $C_1 y_1 + \cdots + C_m y_m = y$ als allgemeines Integral hat: $L_1(y)$ sei das Resultat. Die Division $L = L_2 \cdot L_1 + R$ muß den Rest $R \equiv 0$ ergeben. Denn R ist von einer Ordnung $< m$; die Differentialgleichung $R(y) = 0$ hat aber die m verschiedenen Integrale $y_1, \ldots y_m$. Um nun alle Integrale von $L(y) = 0$ zu bestimmen, hat man offenbar nur $L_2(u) = 0$ zu lösen und dann die Integrale von $L_1(y) = u$ aufzuschreiben. Man hat also eine lineare Differentialgleichung der Ordnung $n - m$ zu lösen. Die inhomogene Gleichung m-ter Ordnung $L_1(y) = u$ löst sich dann durch m Quadraturen, da man das allgemeine Integral der homogenen Gleichung kennt.

Sind die Koeffizienten der Differentialgleichung nicht konstant, so läßt sich der Algorithmus nicht völlig übertragen wegen der Nichtkommutativität der Multiplikation. Sei gegeben:

$$L_1 \equiv p_0(x) \cdot D^n (x + \cdots + p_n(x);$$

$$L_2 \equiv q_0(x) \cdot D^m + \cdots + q_m(x).$$

Wir suchen einen Differentialoperator $R = r_0(x) \cdot D^{n-m} + \cdots$

$+ r_{n-m}(x)$ so zu bestimmen, daß $L_1 - RL_2$ von einer Ordnung kleiner als m ist. Man sieht leicht, daß sich die r folgendermaßen bestimmen:

$$p_0 = r_0 q_0; \quad p_1 = r_1 q_0 + r_0 \cdot \{(n-m) q_0' + q_1\}$$

$$p_2 = r_2 q_0 + r_1 \{(n-m-1) \cdot q_0' + q_1\}$$
$$+ r_0 \cdot \{\tfrac{1}{2}(n-m)(n-m-1) q_0'' + (n-m) q_1' + q_2\}$$

$$\ldots$$

$$p_s = \sum_{l=0}^{s} \sum_{i=0}^{s-l} r_l \binom{n-m-l}{s-(i+l)} q_i^{(s-i-l)}, \quad (s \leqq n-m).$$

$$RL_2 = \sum_{l=0}^{n-m} \sum_{i=0}^{m} \sum_{k=0}^{n-m-l} r_l q_i^{(n-m-l-k)} D^{m-i+k} \binom{n-m-l}{k}.$$

Die Funktionen r bestimmen sich also wegen $q_0 \not\equiv 0$ rational aus den p und $D^{\varkappa}(q)$. Ist $L_1 - R \cdot L_2 = L_3$, so kann man mit L_2 und L_3 dieses Verfahren wiederholen.

Haben L_1 und L_2 ein gemeinsames Integral, so ist es auch Integral von L_3 usw., und es läßt sich auf diese Weise — ohne Kenntnis der gemeinsamen Integrale! — der größte gemeinsame Teiler feststellen, der alle gemeinsamen Integrale von L_1 und L_2 und nur diese als Integrale hat.

Beispiel:

$$L_1(y) \equiv x \sin x \cdot y'' + \left(2 \sin x - \frac{\sin^2 x}{x}\right) y' - \frac{\sin x \cos x}{x} y = 0,$$

$$L_2(y) = x^2 \sin x \cdot y'' + (2x \sin x - \sin^2 x - x^3) y'$$
$$+ y(x - \cos x) \sin x = 0.$$

Es ist $n - m = 0$, also R vom Grade 0 in D, d. h. eine Funktion $r_0(x)$. Es ergibt sich $r_0(x) = x^{-1}$.

$$L_3(y) = L_1(y) - r_0(x) \cdot L_2(y) \equiv x^2 y' - \sin x \cdot y.$$

Falls L_1 und L_2 ein gemeinsames Integral haben, dann ist es auch Integral von $L_3 = 0$, und L_3 ist dann auch offenbar der größte gemeinsame Teiler. In der Tat ergibt sich

$$L_2(y) - R_1 \cdot L_3(y) = 0; \quad R_1 = \sin x \cdot D - x.$$

Aus $L_3(y) = 0$ läßt sich leicht ein partikuläres und damit das allgemeine Integral von L_1 und von L_2 feststellen. Denn es ist nun von $L_1 = 0$ und $L_2 = 0$ ein Integral bekannt, daher kann man auch das allgemeine Integral von jeder der beiden Gleichungen finden. Kennt man insbesondere m Integrale einer Differentialgleichung $L_1 = 0$, so stellt man die Differentialgleichung $L_2 = 0$ auf, die gerade diese Integrale hat und bestimmt R. Dann muß $L_1 - R \cdot L_2 \equiv 0$ sein, weil die Ordnung kleiner als m ist, aber m verschiedene Integrale bekannt sind. Auch jetzt ist also die Integration von $L_1(y) = 0$ auf $R(u) = 0$ und $L_2(y) = u$ zurückgeführt. Sind z. B. $y_1, y_2, \ldots y_n$ die Integrale von $L(y) = D^n(y) + p_1(x) \cdot D^{n-1}(y) + \cdots + p_n(x) \cdot D^0(y) = 0$, so läßt sich demnach schreiben

$$L(y) = R \cdot \left(D(y) - \frac{y_1'}{y_1} \cdot D^0(y) \right) = 0.$$

R bezeichnet einen D-Operator $(n-1)$-ten Grades. Definieren wir $y_2 = y_1 \int u_2 \, dx$, so ist $u = y_1 \cdot u_2$ eine Lösung von $R(u) = 0$, weil $D(y) - \frac{y_1'}{y_1} \cdot D^0(y) = y_1 \cdot u_2$ die Lösung y_2 hat. Also ist

$$R(y) = R_1 \left(D(y) - \frac{(y_1 \cdot u_2)'}{y_1 \cdot u_2} \cdot D^0(y) \right)$$

R_1 in D vom Grade $n-2$. So erhält man schließlich die symbolische Zerlegung (D^0 wird weggelassen)

$$L = (D - \alpha_n)(D - \alpha_{n-1}) \cdots (D - \alpha_1)$$

$$\alpha_1 = \frac{y_1'}{y_1}; \quad \alpha_2 = \frac{u_2'}{u_2} + \frac{y_1'}{y_1} = \frac{d}{dx} (\log (y_1 \cdot u_2)).$$

Allgemein $\quad \alpha_i = \frac{d}{dx} (\log (u_1 \cdot u_2 \cdots u_i)),$

wenn definiert wird:

$$u_1 = y_1; \quad y_2 = u_1 \cdot \int u_2 \, dx; \quad y_3 = u_1 \int u_2 \int u_3 \, dx \, dx; \ldots$$

$$y_n = u_1 \int u_2 \int u_3 \cdots \int u_n (dx)^{n-1}.$$

Die Reihenfolge der Faktoren im symbolischen Produkt ist natürlich nicht gleichgültig, weil im allgemeinen die Operatoren

$$(D-\alpha_2)(D-\alpha_1) \quad \text{und} \quad (D-\alpha_1)(D-\alpha_2)$$
verschieden sind.

Aufgaben

1) Welche Bedingungen müssen $\alpha_1(x)$ und $\alpha_2(x)$ erfüllen, damit
$$(D-\alpha_2)(D-\alpha_1) = (D-\alpha_1)(D-\alpha_2) \qquad \text{ist?}$$

2) Wann sind die Operatoren $D-\alpha(x)$ und $D^2 + p_1(x)\cdot D + p_2(x)$ vertauschbar?

3) Größte gemeinsamer Teiler von
$$P \equiv D^2 + 2x^2 \cdot D + 3$$
$$Q \equiv D^3 + (-4x^4 + 4x + 3)\cdot D - 6x^2 .$$

4) Größter gemeinsamer Teiler von
$$P = x^3 D^3 - 5xD - 4; \quad Q = x^2 D^2 + 2xD + 1.$$

5) Welche Gleichungen müssen α_1, α_2 erfüllen, um der Relation $(D-\alpha_1)(D-\alpha_2) = D^2 + p_1(x)D + p_2(x)$ zu genügen? Die α sind zu finden, wenn $D-\alpha_1$ und $D-\alpha_2$ vertauschbar sind.

6) Sind in der Identität
$$L \equiv D^2 + p_1 D + p_2 = (D-\alpha_2)(D-\alpha_1)$$
die α bekannt, so läßt sich das allgemeine Integral angeben.

7) α_1 und α_2 finde man für $p_1 = 1 + 3x^{-1}$; $p_2 = -3x^{-2}$.

8) $L \equiv (D-\alpha_1)(D-\alpha_2)$; der zu L adjungierte Differentialausdruck ist dann $\bar{L} \equiv (D+\alpha_2)(D+\alpha_1)$.

9) Jeder Differentialausdruck $L \equiv p_0 D^2 + p_1 D + p_2$ läßt sich durch Multiplikation mit einer geeigneten Funktion π zu einem selbstadjungierten machen.

Lösungen

1) $\alpha_1 - \alpha_2 = \text{konst.}$

2) $p_1' - p_2 + 2\alpha = 0.$ $p_2' + p_1\alpha' + \alpha'' = 0.$

3) Ansatz: $D^3 \cdots - 6x^2 = (\alpha D + \beta)(D^2 + 2x^2 D + 3 = \alpha D^3 + (2\alpha x^2 + \beta) D^2 + (4\alpha x + 3\alpha + 2x^2\beta) D + 3\beta; \alpha = 1; \beta = -2x^2;$ also $Q = R\cdot P$; $R = D - 2x^2$.

4) Entsprechend wie 3). $P = QR$; $R = xD - 4$.

5) $(D-\alpha_1)(D-\alpha_2) = D^2 - \alpha_2 D - \alpha_2' - \alpha_1 D + \alpha_1\alpha_2$
$\alpha_1 + \alpha_2 = -p_1;\; \alpha_1\alpha_2 - \alpha_2' = p_2.$
Daher $\alpha_1' - \alpha_1 p_1 - \alpha_1^2 = p_2 - p_1'$.
Das ist eine Riccatische Gleichung. Im Falle der Vertauschbarkeit ist (nach 1) $\alpha_1 - \alpha_2 = \text{const.} = A$; $\alpha_1(\alpha_1 - A) - \alpha_2' = p_2$; $2\alpha_1 - A = -p_1$; $\frac{A-p_1}{2}\,\frac{A+p_1}{2} = -p_2 + \frac{p_1'}{2}$; $2p_1' - 4p_2 + p_1^2 = A^2$ (diese Relation muß bestehen!). Damit ist A bestimmt, also auch α_1 und α_2.

6) $(D-\alpha_2)(y) = 0$ ergibt $y = c_1 e^{\int \alpha_2 dx}$; offenbar sind die Lösungen von $(D-\alpha_1)(y) = c_1 e^{\int \alpha_2 dx}$ alle Lösungen von $L(y) = 0$. Das ergibt $y = c_2 e^{\int \alpha_1 dx} + c_1 e^{\int \alpha_1 dx} \int e^{\int (\alpha_2 - \alpha_1) dx} dx.$

7) nach 5) ist: $\alpha_1' - \alpha_1(1 + 3x^{-1}) - \alpha_1^2 = 0$
$$\alpha_1^{-1} = c\, e^{-x} x^{-3} - e^{-x} x^{-3} \int e^x x^3\, dx.$$

8) $D^2 - (\alpha_1 + \alpha_2) D + \alpha_1\alpha_2 - \alpha_2' = D^2 + p_1 D + p_2$ hat als Adjungierte $\overline{L} = D^2 - p_1 D + (-p_1' + p_2)$; nun ist gerade $(D+\alpha_2)(D+\alpha_1) = D^2 + (\alpha_1+\alpha_2) D + \alpha_1\alpha_2 + \alpha_1'$
$= D^2 - p_1 D + (p_2 - p_1')$.

9) $\overline{L} = p_0 D^2 + (2p_0' - p_1) D + (p_0'' - p_1' + p_2)$ ist die Adjungierte. Es müßte also $p_0' = p_1$ sein; dann ist $L \equiv \overline{L}$. $(\pi p_0)' = \pi p_1; \pi = c p_0^{-1} e^{\int \frac{p_1}{p_0} dx}$.

§ 3. Integration durch Reihen

$P = (p_{ik}(x))$ bezeichnet eine (n, n)-Matrix, $\mathfrak{f} = (f_1, \ldots, f_n)$ einen Vektor (oder $(n, 1)$-Matrix). $\mathfrak{y}' = P\mathfrak{y} + \mathfrak{f}$ ist dann ein gewöhnliches lineares Simultansystem für $\mathfrak{y} = (y_1, \ldots y_n)$. Dann gilt:

Ist $P = \sum_{\nu=0}^{\infty} P_\nu (x - x_0)^\nu$ und $\mathfrak{f} = \sum_{\nu=0}^{\infty} b_\nu (x - x_0)^\nu$, ($P_\nu$ (n, n)-reihig, b_ν $(n, 1)$-reihig) für $|x - x_0| < \varrho$ konvergent, so ist jede Lösung $\mathfrak{y}$ in eine für $|x - x_0| < \varrho$ konvergente Potenzreihe entwickelbar.

Beweis: Der Ansatz $\mathfrak{y} = \sum \mathfrak{c}_\nu (x - x_0)^\nu$ ergibt:

$$(\nu + 1)\,\mathfrak{c}_{\nu+1} = \sum_{\mu=0}^{\nu} P_{\nu-\mu} \cdot \mathfrak{c}_\mu + \mathfrak{b}_\nu . \qquad (*)$$

Mit $P_\lambda = (p_{ik}^{(\lambda)})$ und $\mathfrak{c}_\mu = (c_j^{(\mu)})$ folgt für $r < \varrho$ und

$$M = \max_{i,k=i,\ldots,n} \sum_{\nu=0}^{\infty} | p_{ik}^{(\nu)} | r^\nu, \quad B = \max_{\lambda=1,\ldots,n} \sum_{\nu=0}^{\infty} | b_\nu^{(\lambda)} | r^\nu$$

$$(\nu+1)\,| c_j^{(\nu+1)} | \leqq \sum_{\mu=0}^{\nu} | p_{j,1}^{(\nu-\mu)} | \, | c_1^{(\mu)} | + \cdots + | p_{j,n}^{(\nu-\mu)} | \, | c_n^{(\mu)} |$$

$$+ Br^{-\nu} \leqq \sum_{\mu=0}^{\nu} M r^{-(\nu-\mu)} C_\mu + Br^{-\nu}$$

wo $C_\lambda = | c_1^{(\lambda)} | + \cdots + | c_n^{(\lambda)} |$ gesetzt ist. Daher ist

$$(\nu+1)\, C_{\nu+1} \leqq nMr^{-\nu} \sum_{\mu=0}^{\nu} C_\mu r^\mu + Br^{-\nu} .$$

Wird jetzt definiert $C_0^* = C_0$ und

$$(\nu+1)\, C_{\nu+1}^* = nMr^{-\nu} \sum_{\mu=0}^{\nu} C_\mu^* r^\mu + Br^{-\nu},$$

so ist $C_\lambda \leqq C_\lambda^*$. Es gilt aber:

$$(\nu+1)\, C_{\nu+1}^* - \nu C_\nu^* r^{-1} = nMC_\nu^*,$$

woraus $C_{\nu+1}^* : C_\nu^* = \dfrac{nM}{\nu+1} + \dfrac{\nu}{\nu+1} r^{-1} \to r^{-1}$ für $\nu \to \infty$

folgt. Also ist $\sum C_\nu^*(x - x_0)^\nu$ konvergent für $| x - x_0 | < r$, d. h. auch für $| x - x_0 | < \varrho$; somit ist auch $\sum C_\nu(x - x_0)^\nu$ dort konvergent und also auch die Reihen $\sum c_j^{(\nu)}(x - x_0)$.

Die Berechnung der Koeffizienten c erfolgt sukzessive mit Hilfe von (*). Wesentlich vereinfacht sich diese Berechnung bei einer linearen Diffgl., da lediglich der Ansatz für $y = \sum_{k=0}^{\infty} c_k (x - x_0)^k$ notwendig ist und sich aus $L(y) = f$ dann rekursiv die c_k bestimmen. (x_0 darf kein singulärer Punkt sein, d. h. der Koeffizient der höchsten Ableitung muß für $x = x_0$ von Null verschieden sein.) Die Reihe für y konvergiert für $| x - x_0 | < \varrho$, wenn alle Koeffizienten $p_0(x), \ldots, p_n(x)$ in Reihen entwickelbar sind, die für $| x - x_0 | < \varrho$ konvergieren und dort $p_0(x) \neq 0$ ist. Das folgt offenbar aus dem eben bewiesenen Satz über Simultansysteme. Es kann $x_0 = 0$ angenommen werden. Ist x_0 eine singuläre Stelle, so wird die Berechnung der Koeffizienten $c_\varkappa$ der für ein Integral y angesetzten Potenzreihe bei einem bestimmten Typus von Differentialgleichungen noch sehr einfach. Symbolisch läßt sich dieser Typ so charakterisieren:

$$L = x^m \cdot P(xD) + Q(xD) = 0.$$

Dabei sind P und Q Polynome. Setzt man $y = \sum_{n=0}^{\infty} c_n \cdot x^{\varrho + m \cdot n}$, so ergibt sich wegen $P(xD)(x^\alpha) = \sum a_i (xD)^i (x^\alpha) = \sum a_i \alpha^i x^\alpha$

$$c_0 \cdot Q(\varrho) = 0; \quad c_0 \cdot P(\varrho) + c_1 \cdot Q(\varrho + m) = 0; \quad c_1 \cdot P(\varrho + m) + c_2 \cdot Q(\varrho + 2m) = 0$$
$$\cdots, c_{n-1} \cdot P(\varrho + (n-1)\, m) + c_n Q(\varrho + nm) = 0.$$

Wird für ϱ eine Wurzel von $Q(\varrho) = 0$ genommen, so kann c_0 beliebig gewählt werden. Die übrigen c bestimmen sich dann eindeutig, wenn die $Q(\varrho + \varkappa \cdot m) \neq 0$ sind für $\varkappa = 1, 2, \cdots$.

Ist Q vom höheren Grade als P, so erkennt man aus dem asymptotischen Verhalten von $\frac{c_{n+1}}{c_n}$ sofort die Konvergenz der Reihe für alle x.

Beispiel: $x(1-x) \cdot y'' + (\gamma - (\alpha + \beta + 1)x) y' - \alpha\beta y = 0$. ($\alpha, \beta, \gamma$ konstant.)
Symbolisch: $x \cdot (xD + \alpha)(xD + \beta) - xD \cdot (xD + \gamma - 1) = 0$.
$Q(\varrho) = -\varrho \cdot (\varrho + \gamma - 1)$; $P(\varrho) = (\varrho + \alpha)(\varrho + \beta)$; $m = 1$.

Für $\varrho = 0$ erhalten wir so:

$$y_1 = 1 + \frac{\alpha \cdot \beta}{\gamma \cdot 1} \cdot x + \frac{\alpha(\alpha+1)\beta(\beta+1)}{\gamma(\gamma+1) \cdot 1 \cdot 2} \cdot x^2 + \cdots = F(\alpha, \beta; \gamma; x).$$

Diese Reihe heißt hypergeometrische Reihe und ist gemäß S. 72 unten konvergent für $|x| < 1$. Für $\varrho = 1 - \gamma$ ergibt sich

$$y_2 = x^{1-\gamma} \cdot F(\alpha + 1 - \gamma, \beta + 1 - \gamma;\ 2 - \gamma; x).$$

1) Man gebe für α, β, γ Bedingungen an, unter denen die Reihe abbricht.

2) $y'' - x^2 y = 0$ durch Reihenentwicklung zu integrieren.

3) Dasselbe für $(x-1)y'' - xy' + y = 0$.

4) $y''' = 4x^2 y' + 12xy$. Man entwickle y in eine Reihe, indem man durch wiederholtes Differenzieren die Ableitungen von y an der Stelle $x = 0$ berechnet und so die Taylorsche Entwicklung erhält.

4a) Man bestimme das allgemeine Integral durch Quadraturen.

5) Zu beweisen: $x^m\big(P(xD) + Q(xD) \cdot D^m\big)$ läßt sich in die Gestalt $x^m P_1(xD) + Q_1(xD)$ setzen.

6) $(1-x^2)y'' - xy' - a^2 y = 0$. Reihenentwicklung.

7) Bestimmung des allgemeinen Integrals der hypergeometrischen Differentialgleichung für $\gamma = \alpha$, $\beta = -2$.

8. Die Besselsche Gleichung $xy'' + (n+1)y' - y = 0$ geht durch $-4x = \xi^2$; $y = x^{n/2} \cdot \eta$ über in $\xi^2\ddot{\eta} + \xi\dot{\eta} + (\xi^2 - n^2)\eta = 0$. Beide Formen fallen unter den Typus 5).

9. Entsprechendes für die Legendresche Gleichung
$$(1-x^2)y'' - 2xy' + n(n+1)y = 0.$$

10) Die Besselsche Gleichung geht durch $y = x^{-n} \cdot \eta$ wieder in eine Besselsche über.

Lösungen

1) Die Reihe für y_1 bricht ab, wenn α oder β ganzzahlig und kleiner oder gleich Null sind, falls außerdem γ keine negative ganze Zahl ist, deren Betrag oberhalb dem ganzzahligen $|\alpha|$ (bzw. $|\beta|$) liegt. Es wird dann nämlich $P(n-1) = 0$ für $n-1 = |\alpha|$ (bzw. $|\beta|$) und $Q(\nu) = 0$ für $\nu \geqq n$. Also $c_{n+k} = 0 (k = 1, 2, \cdots)$ — — Die Reihe für y_2 bricht also ab, wenn $\gamma - \alpha$ bzw. $\gamma - \beta$ positiv ganzzahlig ist und nicht $\gamma - 1$ eine kleinere positive ganze Zahl ist.

2) $y = \Sigma c_n x^n$; $n(n-1)c_n - c_{n-4} = 0$; c_0, c_1 beliebig;

$c_4 = \frac{c_0}{4 \cdot 3}$; $c_8 = \frac{c_4}{8 . 7}$; $c_{4k} = \frac{c_0}{4k(4k-1)4(k-1)\{4(k-1)-1\}\cdots 4.3}$;

$$c_{4k+1} = \frac{c_1}{(4k+1)\,4k(4(k-1)+1)\,4(k-1)\,..\,5\,.\,4}$$

$c_2 = c_3 = 0$; $c_{4k+2} = c_{4k+3} = 0$. Konvergenz für $|x| < 1$.

3) $(3-n)\,c_{n-2} + (n-1)(n-2)\,c_{n-1} - n(n-1)\,c_n = 0$; c_0, c_1 willkürlich. $c_0 = 0, c_1 = 1$ ergibt $c_l = 0$ ($l \geqq 2$), also $y_1 = x$. Ein zweites Integral (G. D. 65) durch Quadratur $y_2 = x\int\frac{e^x(x-1)}{x^2}dx$, was sich leicht in eine Reihe entwickeln läßt.

4) $y^{(n+3)} = 4n(n-1)\,y^{(n-1)} + 12ny^{(n-1)} + (8n+12)\,xy^{(n)} + 4x^2y^{(n+1)}$; $y^{(n+3)}(0) = 4n(n+2)\,y^{(n-1)}(0)$; $y(0) = c_0$, $y'(0) = c_1$, $y''(0) = c_2$ willkürlich. $y^{(3)}(0) = 0$;

$$y^{(4k)}(0) = 4^k 1\cdot 3\cdot 5\,..\,(4k-3)(4k-1)\,c_0 = \frac{(4k)!}{(2k)!}c_0.$$

$$y^{(4k+1)}(0) = 4^k\cdot 2\cdot 4\cdot 6\,..\,(4k-2)\,4kc_1 = 4^{2k}(2k)!\,c_1.$$

$$y^{(4k+2)}(0) = 4^k 1\cdot 3\cdot 5\,..\,(4k-1)(4k+1)\,c_2 = \frac{(4k+1)!}{(2k)!}c_2;$$

$$y^{(4k+3)}(0) = 0;\quad y(x) = \sum\frac{x^{4k}}{(2k)!}c_0 + \sum\frac{x^{4k+2}}{(2k+1)!}\cdot\frac{c_2}{2} + \sum\frac{x^{4k+1}}{(4k+1)!}4^{2k}(2k)!\,c_1 =$$

$$\frac{c_0}{2}y_1 + \frac{c_2}{4}y_2 + c_1y_3;\quad y_1 = e^{x^2} + e^{-x^2};\quad y_2 = e^{x^2} - e^{-x^2}.$$

4a) Damit kennen wir zwei elementare Integrale e^{x^2}, e^{-x^2}. Ein drittes Integral ergibt sich durch Quadratur.

$$Q(y) = \begin{vmatrix} y & e^{x^2} & e^{-x^2} \\ y' & 2xe^{x^2} & -2xe^{-x^2} \\ y'' & (2+4x^2)\,e^{x^2}; & (-2+4x^2)\,e^{-x^2} \end{vmatrix} = 0$$

ist die Differentialgleichung mit den Lösungen e^{x^2}, e^{-x^2}; $Q = -4xy'' + 4y' + 16x^3y$; $P(D) = D^3 - 4x^2D - 12x$ muß $Q(D) = -4xD^2 + 4D + 16x^3$ enthalten. Ansatz $P = (\alpha D + \beta)\,Q = -4x\alpha D^3 + 4\alpha D^2 + 16x^3\alpha D - 4\alpha D^2 + 48\alpha x^2 - 4x\beta D^2 + 4\beta D + 16x^3\beta = -4x\alpha D^3 - 4x\beta D^2 + (16x^3\alpha + 4\beta)\,D + 48\alpha x^2 + 16\beta x^3$. Damit das gleich P ist, muß sein: $-4x\alpha = 1$; $\beta = 0$. Es ist in der Tat $P = -\frac{1}{4x}DQ$; um also ein drittes Integral von $P(y) = 0$ zu finden, braucht man nur eine Gleichung $Q = \text{konst.}$, etwa $Q = 1$ zu lösen, was wegen der Kenntnis des allg. Int. d. hom. Gl. auf Quadraturen führt. Ansatz für $Q(y) = 1$: $y = c_1(x)\,e^{x^2} + c_2(x)\,e^{-x^2}$;

$c_1' e^{x^2} + c_2' e^{-x^2} = 0$; $c_1' 2x e^{x^2} - c_2' 2x e^{-x^2} = \frac{-1}{4x}$; $c_1'(x) = -\frac{1}{16x^2} e^{-x^2}$;

$c_2' = \frac{1}{16x^2} e^{x^2}$; $c_1 = -\frac{1}{16}\int \frac{e^{-x^2}}{x^2}\,dx + C_1$; $c_2 = \frac{1}{16}\int \frac{e^{x^2}}{x^2}\,dx + C_2$.

5) $xD = \vartheta$; $x^m D^m = \vartheta(\vartheta - 1)\ldots(\vartheta - m + 1)$ ist leicht durch Induktion zu beweisen. Daher

$$x^m P(\vartheta) + x^m Q(\vartheta)\,D^m = x^m P(\vartheta) + Q(\vartheta - m)\,x^m D^m = x^m P(\vartheta) + Q(\vartheta - m)\,\vartheta(\vartheta - 1)\ldots(\vartheta - m + 1) = x^m P(\vartheta) + Q_1(\vartheta).$$

6) $$(n + 2)(n + 1)\,c_{n+2} = (n^2 + a^2)\,c_n;$$

$c_{2k} = \frac{c_0}{(2k)!}(a^2 + 2^2)(a^2 + 4^2)\ldots(a^2 + (2(k-1))^2)$; $c_{2k+1} = \frac{c_1}{(2k+1)!}(a^2 + 1^2)(a^2 + 3^2)\ldots(a^2 + (2k-1)^2)$; Konvergenz für $|x| < 1$.

7) $y_1 = 1 - 2x + x^2$, wie aus der Reihenentwicklung von $F(\alpha, \beta; \gamma; x)$ hervorgeht.

$$y_2 = y_1 \int y_1^{-2} x^{-\alpha}(x - 1)\,dx = (1 - 2x + x^2)\int \frac{x - 1}{x^\alpha (1 - 2x + x^2)^2}\,dx$$
$$(= -x^{1-\alpha} F(1, -\alpha - 1; 2 - \alpha; x)).$$

8) $m = 1$, $P = -1$, $Q(z) = z(z + n)$ bzw. $m = 2$, $P = -1$, $Q(z) = (z + n)(z - n)$.

9) $m = 2$, $-P(z) = (z - n)(z + n + 1)$, $Q(z) = z(z - 1)$.

10) $y' = -nx^{-n-1}\eta + x^{-n}\eta'$; $y'' = n(n + 1)x^{-n-2}\eta - 2nx^{-n-1}\eta' + x^{-n}\eta''$.

Resultat: $x^{-n}(\eta'' x + (1 - n)\eta' - \eta) = 0$.

§ 4. Vermischte Aufgaben

I. Lineare Differentialgleichungen

1) $p - xy = x$.

2) $y'(x^2 - 1) - 2xy + \frac{2x^3 + 3x^2 - 1}{x^2} = 0$.

3) $xy'' + 2y' + xy = 0$.

4) $x(x + a)(y'' - m^2 y) - (2x + a)(y' - my) = x^2 e^{-mx}$.

5) $y'' - 8y' + 16y = x + e^{4x}$.

6) $xy'' + (x + 1)y' - ny = 0$. (Reihe.)

7) $x(1 - x)y'' + 2xy' - ay = 2x$. (Reihe.)

8) $(x^2-1)y''+2(x-1)y'-2y=\frac{2}{x+1}$.

9) $y''-2y'+(1-\alpha^2)y-e^x-\sin^2 x=0$.

10) $x(x-1)y''-(2x-1)y'+2y=e^x(x^2-3x+3)$.

11) $y''-3ay'+2a^2y=(bx+1)e^{bx}$.

12) $y''-6y'+11y=e^{3x}(\sin\sqrt{2}x+x^2+1)$.

13) $x^2y''-2y=2ax$.

14) $x^2y''-(2\beta-1)xy'+(\beta^2+1)y=x\cdot\log x\cdot\cos\log x$.

15) $y''+7y'+10y=20x+18e^x-3e^{-5x}$.

16) $x^3y'''+3(1-a)x^2y''+(3a^2-3a+1)xy'-a^3y$ $=bx^m$. (Besonderer Fall: $m=a$.)

17) $x^3y'''-3x^2y''+7xy'-8y=x^2(1+3\log x)$.

18) $y'''-y''-y'+y=(24x-4)e^x+3x$.

19) $(1+x^3)y'''+3x^2y''-2x\sin x-(1+x^2)\cos x=0$. Allgemeines Integral. Daraus insbesondere part. Int. $y(0)=y'(0)=y''(0)=0$.

20) $y'''-2y''+4y'-8y=\cos 2x+x^2e^{2x}$.

21) $y^{(4)}+2y''+y=x\cdot\cos x$.

22) $y^{(4)}=x^2\cdot\sin x$.

23) $y^{(4)}-y'''-7y''+13y'-6y=\sin 2x+(x^2-1)e^x$ $+e^{-x}$.

24) $y^{(4)}+32y'+48y=xe^{-2x}+e^{2x}\cdot\cos(2x\sqrt{2})$.

25) $y^{(4)}+3y''-4y=(1+x)\cos 2x+e^x$.

26) $x^4y^{(4)}+7x^3y^{(3)}+7x^2y''-6xy'-2y$ $=-16x-\frac{54}{x}+x^2(297+324\log x+81(\log x)^2)$.

26a) $(x-a)^2(x-b)^2y''+cy=0$. (Stokes.)

27) $y^{(5)}+2y^{(4)}-y'-2y=xe^x$.

28) $y^{(6)}-4y^{(4)}+y''+6y=e^{x\sqrt{3}}+e^{2x}+\sin x$.

29) $y^{(n)}+\binom{n}{1}xy^{(n-1)}+\binom{n}{2}x^2y^{(n-2)}+\dots+x^ny=0$.

II. Nichtlineare Differentialgleichungen

30) $(x^3y - 2y^4)dx + (y^3x - 2x^4)dy = 0.$

31) $x^2(p^2 + 1) = a^2.$

32) $p - y \cdot \operatorname{tg} x + y^2 = 0.$

33) $(x^2 - 3y)dx + (y^2 - 3x)dy = 0.$

34) $(x^4 + y^2 - 1)dx + xydy = 0.$

35) $(3x^7 - xy^3 + 3\sin x)dx + y^2dy = 0.$

36) $x^{-1} = y^{\lambda-2} \cdot p^2.$

37) $2x^3dy - (y^3 + 3x^2y)dx = 0.$

38) $F \equiv 2y^2p^2 + 2xyp + x^2 + y^2 - 1$; Allg. Int. und singuläre Lösungen.

39) $y'(1 - x^3) = y^2 - x^2y - 2x$; gibt es Polynome als Lösung? Allg. Int.

40) $2p(x - 2y^3p) = y(4y^2p^2 - 1).$

41) $(y + px)^2 - 4x^2p = 0$ zu integrieren. Singuläre Lösungen.

42) $xyp^2 + (x^2 + y^2)p + xy = 0.$ Desgleichen.

43) $(xp - y)^4 - (1 + p^2)^2 \cdot (x^2 + y^2) = 0.$

44) $p^3 - p^2 + y^2 = 0.$

45) $(y - xp)(x - yp^{-1}) = 1.$

46) $(1 - p^2)(px - y) = p.$

47) $4xy - 2px^2 = p^5.$

48) $2yp = x(p^2 + 1) + p^4 - 3p^2.$

49) $x^2 - 4y^2 + 2xyp + y^2p^2 = 0.$

50) $(x^2 - y^4)p - xy = 0.$

51) $p^4 + (2y^2 + a^2)p^2 + y^2(y^2 - a^2) = 0.$

52) $x^5p^2 - 3x^4yp + 2x^3y^2 + y^4 = 0.$

53) $xy^2p^2 - y^3p + a^2x = 0.$

54) $(x^2 + 1)y' - 4xy^2 - 2x(4x^2 + 3)y - 4x^3(x^2 + 1) = 0.$

55) $x^3p^2 - 2x^2yp - 2y^3 + 2x^2y + 3xy^2 - 2x^3 = 0.$

56) $y - (x - p^2)^2 - \frac{2}{3}p^3 = 0$ ($x - p^2 = u$; p als Variable).

57) $y - 2xp + y^2p^3 = 0.$

58) $(1 + 3x^2 + y^2)dx + (1 + x^2 + 3y^2)dy = 0.$

59) $(x - yp^{-1})(x + yp) = a^2.$

60) $y(3x^2 + y^2) - 2x^3y' = 0.$

61) $y = xp^2 + \frac{2p - 1}{(p - 1)^2}.$

62) $y + x = \left(\frac{p + 1}{p - 1}\right)^2.$

63) $2y = x(p + p^{-1}) + \frac{1}{3}p^3 - p + 1.$

64) $x^2(y' + y^2) = a(xy - 1).$

65) $y' \cos 2x + 2y \cdot \operatorname{tg} x + y^2 = 0.$

66) $r(1 - x^2) = p^3 - p^2.$

67) $r(y^2 - x^2) + (1 - p^2)(y - px) = 0.$

68) $xy'' + y' - x^3y'^2 = 0.$

69) $x^2yr - x^2p^2 + y^2 = 0.$

70) $r \sin y - \cos y \cdot p^2 = 0.$

71) $y'' \sin y = 1.$

72) $yy'' = p^2 + p.$

73) $yy'' = p^2 + 1.$

74) $(r + y)\sqrt{y^2 + p^2} = a.$

75) $y - xy' + \frac{1}{2}x^2y'' - (y' - xy'')^2 - y''^2 = 0.$

Allg. Integral Polynom vom 2. Grade. Singuläre Integrale, die einer gewöhnlichen Diffgl. 1. Ordnung genügen.

76) $\frac{y'''}{y'} - \frac{3}{2}\cdot\left(\frac{y''}{y'}\right)^2 = \frac{\varphi'''(x)}{\varphi'(x)} - \frac{3}{2}\cdot\left(\frac{\varphi''(x)}{\varphi'(x)}\right)^2.$

77) $y''y^{(4)} - \frac{5}{3}(y''')^2 = 0.$

78) Zu den folgenden Kurvenscharen sind die zugehörigen Differentialgleichungen zu finden. (Die c sind willkürlich.)

a) $\Phi = y - (c + x)^3 = 0.$

b) $\Phi = y - c_1 \cdot \sin(c_2x + c_3) = 0.$

c) $c_3 + cx + y = 0.$
d) $x^6 - 3cx^2y + y^3 - c^2 = 0.$

79) Die Differentialgleichung der Kurven dritter Ordnung zu finden:

$$F \equiv Ay^3 + (Bx + C)y^2 + (Ex^2 + Fx + G)y + \alpha x^3 + \beta x^2 + \gamma x + \delta = 0.$$

Es ergibt sich eine Gleichung neunter Ordnung.

80) $\Phi = y - c_1 x \cdot \cos\left(\frac{n}{x} + c_2\right)$. Zugehörige Diffgl.

81) $\Phi = y - e^{mx}(c_1 + c_2 x) = 0$. Zugehörige Diffgl.

III. Gleichungstypen

82) $x - p^n \cdot f(y) = 0.$
83) $y - p^n \cdot f(x) = 0.$
84) $y - f(xyp) = 0.$
85) $yp - x = f(y^2 - y^2p^2).$
86) $y - mxp = f(x^{m-1} p^m).$
87) $F(y - G(p) + p \cdot G'(p),\ x + G'(p)) = 0.$
88) $F(x^2y'', xy', y) = 0$ läßt sich durch Quadraturen integrieren, wenn F homogen ist.

89) $\frac{1}{3} p^3 - ypr + y \cdot f'(y) - f(y) = F(pr - f'(y)).$

90) $rf(x) = F(xp - y).$

91) $F\left(r, p - xr, y\, xp + \frac{1}{2} x^2 r\right) = 0.$

92) $F\left\{\frac{f(y)g(x) + h(x)}{\varphi(x)}, \frac{f'(y)g(x)p + f(y)g'(x) + h'(x)}{\varphi'(x)}\right\} = 0.$

93) $x^3y''' = p(x)y$ soll ein Partikulärintegral $\sqrt{x}$ haben. $p(x)$ bestimmen und dann Gleichung integrieren.

94) P, Q Polynome vom 2. Grade. $\sqrt{P(x)Q(y)} - \sqrt{P(y)Q(x)} = c(x - y)$ genügt einer Differentialgleichung, die sich in der Form $f(x)dx - f(y)dy$ schreiben läßt.

IV. Reihenentwicklungen. Operatoren

95) Reihenentwicklung der Integrale von $y'' - xy' + ny = 0$.

96) (Legendre) $(1 - x^2)y'' - 2xy' + n(n+1)y = 0$. Man suche zwei Integrale durch Reihenentwicklung in der Umgebung von $x = \infty$, d. h. also durch Entwicklung nach Potenzen von $\frac{1}{x}$. Wann gibt es Polynome in x als Lösungen?

97) $xy'' - y' - 4x^3y = 0$. Es gibt ganze Integrale, Reihe; daraus allg. Integral.

98) $xy'' - 4y' - xy = 0$. Potenzreihenentwicklung.

99) $L(y) = (D^n + a_1 \cdot D^{n-1} + \cdots + a_n \cdot D)\, y = 0$. Man dividiere $c_1 + (c_2 + a_1 c_1)\, x + (c_3 + a_1 c_2 + a_2 c_1)\, x^2 + \cdots + (c_n + \cdots + a_{n-1} \cdot c_1) \cdot x^{n-1}$ durch $1 + a_1 x + a_2 x^2 + \cdots + a_n x^n$.

Das Resultat sei $A_0 + A_1 x + A_2 x^2 + \cdots$

Behauptung: $y = A_0 + \frac{A_1}{1!} \cdot x + \frac{A_2}{2!} \cdot x^2 + \cdots$ ist das allgemeine Integral (Auric; These 1894).

100) $P \equiv x^3 \cdot (x^2 + 1) \cdot D^2 + D - x.$

$$Q \equiv (x^2+1)^2 \cdot D^2 - (x^2+1)(2x+5) \cdot D + (2x^2 + 5x - 1).$$

P und Q haben gemeinsamen Teiler. Diesen zu bestimmen und das allgemeine Integral von $P(y) = 0$ und $Q(y) = 0$ angeben.

101) $P = p_0(x) \cdot D^n + \cdots + p_n(x)$. Ist $PD = DP$, so sind die p_ν konstant.

102) Was läßt sich aus $PD^2 = D^2 P$ schließen?

103) Ein selbstadjungierter Differentialausdruck $P = p_0 \cdot D^{2n} + \cdots + p_{2n}$ läßt sich in die Gestalt setzen

$$P \equiv D^n(\pi_0(x)\, D^n) + D^{n-1}(\pi_1 D^{n-1}) + \cdots + \pi_n.$$

V. Aufgaben zur Theorie

104) Genügt y einer algebraischen Diffgl. n-ter Ordnung, dann genügt $z = e^y$ einer alg. Diffgl. $(n+1)$ter Ordnung.

105) $c_1 y_1 + c_2 y_2$ sei das allgemeine Integral von $L(y) \equiv y'' + p_1(x) \cdot y' + p_2(x) \cdot y = 0$. Wie heißt das allgemeine Integral der adjungierten Gleichung?

106) $y = A_0(x)\, p^2 + A_1(x)\, p + A_2(x)$; A so zu finden, daß das allgemeine Integral sich aus $p = c$ erhält.

107) Welche Beziehung muß $p(x)$ und $q(x)$ verbinden, damit $y'' + p \cdot y' + q \cdot y = 0$ zwei Integrale y_1, y_2 hat, so daß $y_1 \cdot y_2 = 1$ gilt. Insbesondere $p = \frac{1}{x}$, $q = ?$

108) $y = \varphi(x, c)$ sei das allgemeine Integral der Riccatischen Gleichung $y' + y^2 + P(x) \cdot y + Q(x) = 0$. Dann gilt

$$\int \varphi(x, c)\, dx = -\frac{1}{2} \log \frac{d\varphi}{dc} - \frac{1}{2} \cdot \int P(x)\, dx.$$

109) Man versuche $y = f(z, z')$ so zu finden, daß die Riccatische Gleichung in die lineare Gleichung $z'' + P(x) \cdot z' + Q(x) \cdot z = 0$ übergeht.

110) Welche Transformation von u führt die Gleichung $u'' + (n - \frac{1}{4} x^2) \cdot u = 0$ in die Gleichung Aufg. 95 über?

111) Für welche $P(x)$ hat die Riccatische Gleichung $y' + P(x)(y^2 - x^2) - 1 = 0$ nur rationale Lösungen?

112) Die Bedingungen für $a(x)$, $b(x)$, $c(x)$ aufzustellen, so daß es zwei Lösungen y_1 und y_2 der Glchg. $y' - (ay^2 + by + c) = 0$ gibt, für die $y_1 + y_2 = y_1 \cdot y_2$. Das allgemeine Integral läßt sich angeben.

113) $y' = \frac{(x+1)^2}{x^3} \cdot y^3 - \frac{x+1}{x} \cdot y^2 + \frac{x^2+3}{3x} \cdot y + f(x)$

f so zu bestimmen, daß es eine partikuläre Lösung $y_1(x)$ gibt, so daß sich $u = y - y_1$ durch eine Bernoullische Gleichung bestimmt. Nach Bestimmung von f das allgemeine Integral finden.

114) (Riccati)

$$y' = a(x) - \frac{2}{e^x - e^{-x}} + (e^x + e^{-x}) \left(\frac{1}{e^x - e^{-x}} - a(x) \right) \cdot y + a(x) \cdot y^2.$$

Es gibt zwei Lösungen, so daß $y_1 \cdot y_2 = 1$. Allgemeines Integral durch Quadraturen. Ausführbar z. B. für

$$a(x) = \frac{3x^2 - 1}{x(x^2-1)(e^x - e^{-x})}.$$

115) $y'' + 3yy' + y^3 = p(x)$; wenn p Polynom, so ist y die log. Abl. einer ganzen Funktion.

116) $y'' + p_1(x) \cdot y' + p_2(x) \cdot y = 0$.

Beziehung zwischen p_1 und p_2, damit $\frac{y_1}{y_2} = f(x)$.

117) $9(1 - x^2)y'' - 9xy' + y = 0$.
Es gibt unendlich viele (∞^2) Transformationen $t = \varphi(x)$, die die geg. Gleichung in solche mit konstanten Koeffizienten transformieren. Alle diese Tr. finden (Bsp. $x = \cos 3t$).

118) Welche Bedingungen müssen $p_0(x)$, $p_1(x)$, $p_2(x)$ erfüllen, damit durch eine (umkehrbare) Transformation $x = \varphi(t)$ der Ausdruck

$$L(y) \equiv p_0(x)y'' + p_1(x)y' + p_2(x)y$$

in einen äquivalenten mit konstanten Koeffizienten übergeht, d. h. mit $u(t) = y(\varphi(t))$ soll $L_1(u) = 0$ dieselben Integrale $u(t) = y(\varphi(t))$ haben wie $L(y) = 0$.

119) $y'' + p(x)y = 0$; $z'' + q(x)y = 0$, ($y_{1,2}$, $z_{1,2}$ Lösungen). $y_i z_j$ genügen einer Diffgl. 4. Ordnung, die angegeben werden soll.

120) Ist $L(y)$ ein linearer Differentialausdruck vom Laplaceschen Typ (d. h. mit in x linearen Koeffizienten $p_k(x)$), so gilt dasselbe vom adjungierten Ausdruck.

121) Ist $\varphi(x, y, p)$ ein integrierender Faktor von $F(x, y, p, r)$, so ist auch $R \cdot \varphi(P, PX - Y, X)$ ein integrierender Faktor von $F(P, PX - Y, X, R^{-1})$. ($dy - pdx = 0$, $dp - rdx = 0$, und dasselbe in großen Buchstaben).

122) $y'' - p(x)y = 0$, $y_{1,2}$ Lösungen. Gefragt nach Diffgl. 3. Ordnung mit y_1^2, $y_1 y_2$, y_2^2 als Lösungen.

123) $y'' + (2b \operatorname{Cof} 2x - a)y = 0$. Es gilt die Identität:

$$y_1'(x)y_2'(x) = y_1'(0)y_2'(0) + y_1(0)y_2(0)(2b - a) - y_1(x)y_2(x)$$

$$(2b\,\mathfrak{Cos}\,2x - a) + 4b\int_0^x y_1(t)y_2(t)\,\mathfrak{Sin}\,2t\,dt.$$

123a) Welche Relationen müssen g_0, g_1, g_2 verbinden, damit $\mu = (g_0(x) + g_1(x)y + g_2(x)y^2)^{-1}$ integrierender Faktor der Riccatischen Gleichung $dy + (a_0(x) + a_1(x)y + a_2(x)y^2)\,dx = 0$ ist?

VI. Existenzsätze

124) $\frac{dy}{dx} = \text{Min}\,(x, y) = f$; ist die Lipschitz-Bedingung um (0, 0) erfüllt? Lösung y mit $y(0) = \frac{2}{3}$. (Man beschränke sich auf den ersten Quadranten.)

125) $\frac{dy}{dx} = f(x, y)$; f genügt in Umgebung von (0, 0) der Lipschitz-Bedingung. Die pos. Konstanten ε_ν gehen monoton gegen Null mit konv. $\sum_1^\infty \varepsilon_\nu$; $|\vartheta_\nu(x)|$ gleichartig beschränkt: $|\vartheta_\nu(x)| < C$, sonst beliebige stetige Funktionen.

$$y_0 = 0;\quad y_n = \int_0^x f(t, y_{n-1}(t))\,dt + \varepsilon_n\vartheta_n(x).$$

Beh.: $y_n(x) \Rightarrow y(x)$ (Lösung).

126) $\frac{dy}{dx} = y$; e^x ist die Lösung mit Auflösung $x_0 = 0$, $y_0 = 1$. Man erhalte sie durch Anwendung der Picardschen Approximationen.

127) $\frac{dy}{dx} = f(x, y) = \frac{4x^3 y}{x^4 + 4y^2}$; $f(0, 0) = 0$.

Ist die Lipschitz-Bedingung um (0, 0) erfüllt und gibt es nur eine Lösung durch (0,0)?

VII. Oszillationssätze. Randwertaufgaben

128) $a \leqq x \leqq b$. $K_1(x) \geqq K_2(x) > 0$; $G_1(x) \geqq G_2(x)$.

Man berechne $\frac{d}{dx}\left\{\frac{u}{v}(K_1 u'v - K_2 uv')\right\}$ und stelle es als Summe von drei Quadraten dar mit Koeffizienten linear in G und K. (Formel von Picone.) u und v bedeuten (nicht identisch verschwindende) Integrale der Gleichung $\frac{d}{dx}(K_1 u') - G_1 \cdot u = 0$; $\frac{d}{dx}(K_2 v') - G_2 \cdot v = 0$.

129) Man schließe aus der vorigen Formel: Zwischen zwei Nullstellen einer Lösung u liegt immer eine Nullstelle einer Lösung v, wenn man ausschließt, daß $G_1 \equiv G_2$, $K_1 \equiv K_2$ ist in irgendeinem Teilintervall.

130) Weitere Anwendung der Piconeschen Formel: Voraussetzung. Für die Lösungen $u(x)$, $v(x)$ sei $u(a) = \alpha_1$, $u'(a) = \alpha_1'$; $v(a) = \alpha_2$; $v'(a) = \alpha_2'$. $|\alpha_1| + |\alpha_1'|$ und $|\alpha_2| + |\alpha_2'|$ sind verschieden von Null. Falls $\alpha_1 \neq 0$ ist, soll sein $K_1(a) \cdot \frac{\alpha_1'}{\alpha_1} \geqq K_2(a) \cdot \frac{\alpha_2'}{\alpha_2}$, woraus übrigens $\alpha_2 \neq 0$ folgt. $|G_1| + |G_2| \equiv 0$ ist in keinem Teilintervall gültig.

Behauptung: Wenn $u(x)$ m Nullstellen in $a \leqq x \leqq b$ hat, dann hat auch v dort wenigstens m Nullstellen und die i'te Nullstelle von v liegt vor der i'ten Nullstelle von u.

131) Voraussetzung wie in 130). Außerdem sei für einen Wert $c (a < c < b)$ $u(c) \neq 0$, $v(c) \neq 0$. Ferner sollen u und v die gleiche Anzahl von Nullstellen in $a < x < c$ haben. Dann gilt:

$$K_1(c) \cdot \frac{u'(c)}{u(c)} > K_2(c) \cdot \frac{v'(c)}{v(c)}.$$

132) Die Greensche Funktion für den Differentialausdruck $L(y) = \frac{d^2}{dx^2}(K(x)\,y'')$ mit den Randbedingungen $u(0) = u(1) = u'(0) = u'(1) = 0$ zu finden.

Lösungen

1) $(y+1)^{-1}dy = x\,dx;\quad y = ce^{\frac{x^2}{2}} - 1.$

2) $(x^2-1)^2 \frac{d}{dx}\left(\frac{y}{x^2-1}\right) + 2x + 3 - \frac{1}{x} = 0;$

$$\frac{y}{x^2-1} + \int \frac{2x+3-\frac{1}{x}}{(x^2-1)^2}\,dx = c.$$

3) $xy = u;\ u'' + u = 0;\ y = x^{-1}(c_1 \sin x + c_2 \cos x).$

4) Offenbar ist $y_1 = e^{mx}$ part. Int. d. hom. Gl. Also (G. D. 65) $y_2 = e^{mx}\int e^{-2xm}(x^2+ax)\,dx = \frac{e^{-mx}}{2m}\left(-x^2 - x\left(a+\frac{1}{m}\right) - \frac{a}{2m} - \frac{1}{2m^2}\right)$; Inh. Gl. durch Variation der Konstanten; rascher der Ansatz $y_0 = e^{-mx}(Ax^2+Bx+C)$; $2A = -(1+ma)^{-1}$, $B = C = 0$.

5) homog. Gl.: $y = e^{rx}$; char. Gl. $(r-4)^2 = 0$; $y_1 = e^{4x}$. $y_2 = xe^{4x}$ Integrale der hom. Gl. Inhomog. Gl. mit rechter Seite x, Partikuläre Lösung: $y = \frac{x}{16} + \frac{1}{32}$. Rechte Seite e^{4x}: Ansatz $y = Ax^2e^{4x}$; $A = \frac{1}{2}$. Also: $y = e^{4x}\left(\frac{x^2}{2} + c_1x + c_2\right) + \frac{x}{16} + \frac{1}{32}$.

6) Man sucht Lösung durch Reihenansatz: $y = \sum\limits_0^\infty a_k x^k$. $(k+1)^2 a_{k+1} + (k-n)a_k = 0$; $a_1 = na_0$; $a_k = \frac{1}{k!}\binom{n}{k}a_0$; $(k \leqq n)$ $a_{n+\nu} = 0$ part. Int. $y_1 = \sum\limits_{0,n} \frac{x^k}{k!}\binom{n}{k}$. Allg. Int. (G. D. 65): $y = y_1\left\{c_1\int \frac{dx}{xy_1^2e^x} + c_2\right\}$.

7) Hypergeom. Gl. $x(1-x)y'' + \{\gamma - (\alpha+\beta+1)x\}y' - \alpha\beta y = 0$, wenn $\gamma = 0$ und $\alpha+\beta+1 = -2$; $\alpha\beta = a$ d. h. $\beta = -\frac{3}{2} + \sqrt{\frac{9}{4} - a}$, $\alpha = -\frac{3}{2} - \sqrt{\frac{9}{4} - a}$. Lsg. d. hom. Gl. $y_1 = F(\alpha, \beta; 0; x)$, $y_2 = xF(\alpha+1, \beta+1; 2; x)$. Inh. Gl. Ansatz: $y = c_1(x)y_1 + c_2(x)y_2$. Es ist $c_1'y_1 + c_2'y_2 = 0$; $c_1'y_1' + c_2'y_2' = \frac{2}{1-x}$; $c_1' = \frac{-2}{1-x}y_2 e^{\int \frac{2}{1-x}dx} = 2(x-1)^3 xF(\alpha+1, \beta+1;$

$2;\, x);\quad c_2' = \frac{2}{1-x}\, y_1(x-1)^{-2} = -2(x-1)^{-3} F(\alpha,\, \beta;\, 0;\, x)$
$c_1 = \int c_1' dx + C_1;\; c_2 = \int c_2' dx + C_2.$

8) Die homogene Gleichung hat ein einfaches Partikularintegral: $y = (x-1)$. Dann läßt sich (G. D. 65) das allgemeine Integral finden: $y = c_1(x-1) + c_2(x-1)\left[\frac{1}{4}\log\frac{x+1}{x-1} - \frac{x}{2(x^2-1)}\right]$ $= c_1 y_1 + c_2 y_2$. Ansatz für die inhomogene Gl. $y = c_1(x)\, y_1$ $+ c_2(x)\, y_2$. $c_1' y_1 + c_2' y_2 = c_1'(x-1) + c_2'(x-1)\left[\frac{1}{4}\log\frac{x+1}{x-1}\right.$ $\left.- \frac{x}{2(x^2-1)}\right] = 0;\; c_1' y_1' + c_2' y_2' = c_1' + c_2'\left[\frac{1}{4}\log\frac{x+1}{x-1} - \frac{x+2}{2(x+1)^2}\right]$ $= \frac{2}{(x^2-1)(x+1)};\; c_2' = 2;\; c_2 = 2x + A;\; c_1' = \frac{x}{x^2-1} - \frac{1}{2}\log\frac{x+1}{x-1};$
$c_1 = \frac{1}{2}\log(x^2-1) - \frac{1}{2}\int \log\frac{x+1}{x-1}\, dx + B.$

9) $l(r) = r^2 - 2r + 1 - \alpha^2 = 0;\; r = 1 \pm \alpha$. 1. Fall: $\alpha \neq 0$. $y_1 = e^{(1+\alpha)x},\; y_2 = e^{(1-\alpha)x}$. Inh. Gl. $y'' - 2y' + (1-\alpha^2)\, y$ $= e^x + \frac{1-\cos 2x}{2}$. Ansatz: $y = Ae^x + B_1 \sin 2x + B_2 \cos 2x + E;$ $A(1 - 2 + 1 - \alpha^2)\, e^x + \sin 2x\,(-4B_1 + 4B_2 + (1-\alpha^2)\, B_1)$ $+ \cos 2x\,(-4B_2 - 4B_1 + (1-\alpha^2)\, B_2) + (1-\alpha^2)\, E = e^x - \frac{\cos 2x}{2}$ $+ \frac{1}{2}$. $A = -\alpha^{-2};\; B_1 = \frac{2}{-7 + 6\alpha^2 + \alpha^4};\; B_2 = -\frac{3+\alpha^2}{2(-7+6\alpha^2+\alpha^4)};$ $E = \frac{1}{2(1-\alpha^2)};\; \alpha \neq \pm 1$. Allgem. Integral der inh. Gl.: $y = Ae^x$ $+ B_1 \sin 2x + B_2 \cos 2x + E + c_1 e^{(1+\alpha)x} + c_2 e^{(1-\alpha)x}$. Ist $\alpha = \pm 1$, so steht an Stelle von E die Größe $-\frac{1}{4}x$. 2. Fall: $\alpha = 0;\; r_{1,2} = 1;$ $y_1 = e^x,\; y_2 = xe^x$. Ansatz für inhom. Gl.: $y = Ax^2 e^x + B_1 \sin 2x$ $+ B_2 \cos 2x + E;\; B_1, B_2, E$ ergeben sich unverändert: $B_1 = \frac{2}{7};$ $B_2 = -\frac{3}{14};\; E = \frac{1}{2}$. Es ist ferner $A = \frac{1}{2}$.

10) Homog. Glchg. hat Lösung $y_1 = x^2$. Daher (G. D. 65) $y_2 = x^2 \int x^{-4} e^{\int \frac{2x-1}{x^2-x} dx} dx = x^2 \int \frac{x^2-x}{x^4}\, dx = -x + \frac{1}{2}$. Ansatz

für inhom. Glchg. $y = c_1(x)\,x^2 + c_2(x)\left(\frac{1}{2} - x\right)$; $c_1' y_1 + c_2' y_2 = 0$;
$c_1' y_1' + c_2' y_2' = e^x \frac{x^2 - 3x + 3}{x^2 - x}$; $c_2' = e^x \frac{(x^2 - 3x + 3)}{(x-1)^2}$;

$$c_1' = e^x \frac{(x^2 - 3x + 3)\left(x - \frac{1}{2}\right)}{(x^2 - x)^2}.$$

Quadratur liefert: $c_1(x) + C_1$; $c_2(x) + C_2$. Allgem. Integral

$$c_1(x)\,x^2 + c_2(x)\left(\frac{1}{2} - x\right) + C_1 x^2 + C_2\left(\frac{1}{2} - x\right).$$

11) $l(r) = r^2 - 3ar + 2a^2$; $r_1 = 2a$; $r_2 = a$.

1. Fall: $b \neq a$ und $\neq 2a$. Ansatz $y_0 = (Ax + B)\,e^{bx}$; $A = bl^{-1}(b)$; $B = (2a^2 - b^2)\,l^{-2}(b)$.

2. Fall: $b = a \neq 0$: Ansatz: $y_0 = (Ax^2 + Bx)\,e^{ax}$; $A = -\frac{1}{2}$; $B = -\frac{2}{a}$.

3. Fall: $b = 2a \neq 0$ entsprechend. 4) $a = b = 0$; $y = \frac{x^2}{2} + c_1 x + c_2$.

12) $l(r) = r^2 - 6r + 11$; $r_1 = 3 + i\sqrt{2}$; $r_2 = 3 - i\sqrt{2}$; $y_1 = e^{3x} \cos x\sqrt{2}$; $y_2 = e^{3x} \sin x\sqrt{2}$ sind Lsg. der hom. Gl. Ansatz für die inh. Gl.: $y_0 = e^{3x} x(A_1 \sin x\sqrt{2} + A_2 \cos x\sqrt{2}) + e^{3x}(B_2 x^2 + B_1 x + B_0)$; $A_1 = 0$; $A_2 = -1 : 2\sqrt{2}$; $B_2 = 1 : 2$; $B_1 = 0$; $B_0 = 0$.

Allgem. Int. d. inh. Gl.: $y = y_0 + c_1 y_1 + c_2 y_2$.

13) Hom. Gl.: $\alpha(\alpha - 1) - 2 = 0$; $\alpha_1 = -1$; $\alpha_2 = 2$; $y_1 = x^{-1}$; $y_2 = x^2$. Ansatz f. inh. Gl.: $y = Ax$, $A = -a$.

14) Hom. Gl. $y = x^r$. $l(r) = r(r-1) - (2\beta - 1)\,r + \beta^2 + 1 = (r - \beta)^2 + 1$; $r_{1,2} = \beta \pm i$; $y_1 = x^\beta \cos\log x$; $y_2 = x^\beta \sin\log x$; Inh. Gl. $\beta \neq 1$: $Y = x^{1+i}(A \log x + B)$; $L(Y) = x^{1+i} \log x$; $A = 1 : ((1-\beta)^2 + 2i(1-\beta))$; $B = -2(1 - \beta + i)A$; $y_0 = \Re(Y)$ Part. Int. Für $\beta = 1$:
$Y = x^{1+i}(A \log^2 x + B \log x)$; $A = 1 : 2i$; $B = 1 : 2$; $y_0 = \Re(Y)$.

15) $r^2 + 7r + 10 = 0$; $r_1 = -2$; $r_2 = -5$. $y_1 = e^{-2x}$; $y_2 = e^{-5x}$ sind Lös. d. hom. Gl. Ansatz für inh. Gl.: $y_0 = A_1 x + A_2 + Be^x + Exe^{-5x}$. $A_1 = 2$; $A_2 = -7 : 5$; $B = 1$; $E = 1$; allg. Int. d. inh.: $y = y_0 + c_1 e^{-2x} + c_2 e^{-5x}$.

16) homog. Glchg. $y = x^\varrho$; char. Glchg. $(\varrho - a)^3 = 0$. Daher $x^a (c_1 + c_2 \log x + c_3 \log^2 x)$ allgem. Integral der homog. Glchg. Für $m \neq a$ Ansatz für Partikularintegral der inh. Glchg.: $y = Ax^m$; $A = b(m - a)^{-3}$. Daher $y = b(m - a)^{-3} x^m + x^a(c_1 + c_2 \log x + c_3 \log^2 x)$ allgem. Int. d. inh. Gl. $\div$ $m = a$: Variation der Konstanten ist ziemlich langwierig. — Ansatz $y_0 = Ax^a \log^3 x$; $A = b/6$.

17) Hom. Gl. $l(\varrho) = \varrho(\varrho - 1)(\varrho - 2) - 3\varrho(\varrho - 1) + 7\varrho - 8 = (\varrho - 2)^3$. $y_1 = x^2$; $y_2 = x^2 \log x$; $y_3 = x^2 \log^2 x$. Inh. Gl. Ansatz $y_0 = Ax^2 \log^3 x + Bx^2 \log^4 x$. $A = 1:6$; $B = 1:8$. Allgem. Int. $y = y_0 + c_1 y_1 \cdots + c_3 y_3$.

18) $l(r) = r^3 - r^2 - r + 1 = 0$; $r_1 = -1$; $r_{2,3} = 1$. $y_1 = e^{-x}$; $y_2 = e^x$; $y_3 = xe^x$, Ansatz für inh. Gl. $y_0 = (Ax^2 + Bx^3)\, e^x + \alpha x + \beta$ ergibt $\alpha = 3$; $\beta = 3$. $A = -4$, $B = 2$. — Dazu allg. Int. d. hom. Gl. $c_1 y_1 + c_2 y_2 + c_3 y_3$.

19) $\frac{d}{dx}((1 + x^3)\, y'' - (1 + x^2) \sin x) = 0$; $y'' = \sin x \frac{1 + x^2}{1 + x^3} + \frac{c_1}{1 + x^3}$, $y = \int\limits_0^x \int\limits_0^u \frac{c_1 + (1 + t^2) \sin t}{1 + t^3}\, dt\, du + c_2 x + c_3$, $y^{(i)} = c_{3-i}$ $(i = 0, 1, 2)$.

20) $l(r) = r^3 - 2r^2 + 4r - 8 = r^3 - 8 - 2r(r - 2) = (r - 2)(r^2 + 4)$; $y_1 = e^{2x}$; $y_2 = \sin 2x$; $y_3 = \cos 2x$ sind Lsg. der hom. Gl. Daher Ansatz für inh. Gl.: $y_0 = A_1 x \sin 2x + A_2 x \cos 2x + (B_1 x^3 + B_2 x^2 + B_3 x) e^{2x}$; $A_1 = A_2 = -1:16$; $B_1 = 1:24$; $B_2 = -1:16$; $B_3 = 1:32$; zu y_0 das allg. Int. der hom. Gl. gibt das allg. Int. d. inh. Gl.

21) hom. Gl. $l(r) = r^4 + 2r^2 + 1 = (r^2 + 1)^2$; $r_{1,2} = i$; $r_{3,4} = -i$; $y_1 = \sin x$, $y_2 = x \sin x$, $y_3 = \cos x$, $y_4 = x \cos x$. Inhom. Gl. Ansatz: $y_0 = Ax^2 \sin x + Bx^3 \cos x$; $A = \frac{1}{8}$, $B = -\frac{1}{24}$. Allg. Int. $y = y_0 + c_1 y_1 \cdots + c_4 y_4$.

22) Vierfache Quadratur: $y = x^2 \sin x + 8x \cos x - 20 \sin x + c_0 + c_1 x + c_2 x^2 + c_3 x^3$.

23) $l(r) = r^4 - r^3 - 7r^2 + 13r - 6 = 0$; $r = 1$ ist Wurzel; $l(r) = (r - 1)(r^3 - 7r + 6) = (r - 1)^2 (r^2 + r - 6) = (r - 1)^2 (r - 2)(r + 3)$; Lösungen der homog. Gl.: $y_1 = e^x$, $y_2 = xe^x$, $y_3 = e^{2x}$, $y_4 = e^{-3x}$. Ansatz für inh. Gl.:

$$y = A_1 \sin 2x + A_2 \cos 2x + (B_1 x^4 + B_2 x^3 + B_3 x^2) e^x + Ee^{-x}$$

$$A_1 = \frac{19}{2(17^2 + 19^2)}; \quad A_2 = \frac{-17}{2(17^2 + 19^2)}; \quad B_1 = -\frac{1}{48},$$
$$B_2 = -\frac{3}{48}, \quad B_3 = -\frac{5}{64}, \quad E = \frac{1}{24}.$$

24) $l(r) = r^4 + 32r + 48$; $r_1 = -2$; $l(r) = (r+2)(r^3 - 2r^2 + 4r + 24)$; $r_2 = -2$. $l(r) = (r+2)^2 (r^2 - 4r + 12)$; $r_{3,4} = 2 \pm i\sqrt{8}$. Hom. Gl. $y_1 = e^{-2x}$; $y_2 = xe^{-2x}$. $y_3 = e^{2x} \cos x\sqrt{8}$; $y_4 = e^{2x} \sin x\sqrt{8}$. Inh. Gl. $y_0 = e^{-2x}(A_1 x^3 + A_2 x^2) + xe^{2x}(B_1 \cos x\sqrt{8} + B_2 \sin x\sqrt{8})$; $A_1 = A_2 = 1:144$, $B_1 = -1:144$, $B_2 = \sqrt{2}:576$; Allg. Int.: $y = y_0 + c_1 y_1 \cdots + c_4 y_4$.

25) Hom. Gl. $l(r) = r^4 + 3r^2 - 4 = 0$; $r^2 = -\frac{3}{2} \pm \sqrt{\frac{9+16}{4}}$; $r_1^2 = 1$; $r_2^2 = -4$. $r_{1,2} = \pm 1$; $r_{3,4} = \pm 2i$. $y_1 = e^x$, $y_2 = e^{-x}$; $y_3 = \cos 2x$; $y_4 = \sin 4x$. Ansatz f. inh. Gl.: $y_0 = 2\Re(Y) + Exe^x$. $Y = e^{i2x}(A_1 x^2 + A_2 x)$; $L(Y) = e^{i2x}(x+1)$; $A_1 = i:20$; $A_2 = (20i - 21):200$; $E = 1:10$. Allgem. Int.: $y = y_0 + c_1 y_1 \cdots + c_4 y_4$.

26) Hom. Gl. $y = x^r$; $r(r-1)(r-2)(r-3) + 7r(r-1)(r-2) + 7r(r-1) - 6r - 2 = 0$; $l(r) = (r+1)^3 (r-2)$. Hom. Gl.: $y_1 = x^2$, $y_2 = x^{-1}$, $y_3 = x^{-1} \log x$, $y_4 = x^{-1} (\log x)^2$. Ansatz für inhom. Gl.: $y_0 = Ax + Bx^{-1} \log^3 x + x^2 \log x\,(C + D \log x + E \log^2 x)$; $A = 2$, $B = 3$, $C = D = 3$, $E = 1$.

26a) Da a und b die einzigen Singularitäten der Diffgl. sind, so gibt es Integrale der Gestalt $(x-a)^{\varrho_1} \mathfrak{P}_1(x-a)$ und $(x-b)^{\varrho_2} \mathfrak{P}_2(x-b)$. Man versucht, ob es ein Integral gibt der Gestalt $(x-a)^{\varrho_1} (x-b)^{\varrho_2} \mathfrak{P}$. Der Ansatz zeigt, daß $\mathfrak{P} =$ konst. wird, wenn ϱ_1 und ϱ_2 die Gleichung erfüllen:

$$(x-b)^2 \varrho_1(\varrho_1 - 1) + (x-a)^2 \varrho_2(\varrho_2 - 1) + 2(x-a)(x-b)\varrho_1 \varrho_2 + c = 0.$$

Dieses Polynom zweiten Grades in x verschwindet identisch, nämlich an den drei Stellen a, b, $\frac{a+b}{2}$, wenn ϱ_1 und ϱ_2 Wurzeln der Gleichung:

$$\varrho^2 - \varrho + \frac{c}{(a-b)^2} = 0$$

sind. Damit ist für $a \neq b$ das allgemeine Integral:

$$y = c_1 (x-a)^{\varrho_1} (x-b)^{\varrho_2} + c_2 (x-a)^{\varrho_2} (x-b)^{\varrho_1}.$$

27) $l(r) = r^5 + 2r^4 - r - 2 = (r^4 - 1)(r+2) = 0$; $r_1 = -2$, $r_{2,3} = \pm 1$; $r_{4,5} = \pm i$, $y_1 = e^{-2x}$; $y_{2,3} = e^{\pm x}$; $y_4 = \sin x$, $y_5 = \cos x$.

Partikularintegral d. inh. Gl. Ansatz: $y = Ax^2 e^x + Bx e^x$; $A = \frac{1}{24}$; $B = -\frac{11}{72}$.

Lösung: $y = \frac{1}{24} x^2 e^x - \frac{11}{72} x e^x + c_1 y_1 \cdots + c_5 y_5$.

28) char. Gl. $r^6 - 4r^4 + r^2 + 6 = (r^2-2)(r^2-3)(r^2+1) = 0$; $r_{1,2} = \pm\sqrt{2}$; $r_{3,4} = \pm\sqrt{3}$; $r_{5,6} = \pm i$. $y_{1,2} = e^{\pm x\sqrt{2}}$; $y_{3,4} = e^{\pm x\sqrt{3}}$; $y_5 = \sin x$; $y_6 = \cos x$. Die inhomog. Gleichung löst man, indem man für jeden einzelnen Summanden der rechten Seite ein Partikularintegral sucht. 1) $e^{x\sqrt{3}}$: Ansatz $y = Axe^{x\sqrt{3}}$; $A = \frac{\sqrt{3}}{24}$. 2) e^{2x}: Ansatz $y = Be^{2x}$; $B = 10^{-1}$. $\sin x$: Ansatz $y = Cx \cos x$; $C = -\frac{1}{24}$. Daher Lösung: $y = \frac{\sqrt{3}}{24} xe^{x\sqrt{3}} + \frac{1}{10} e^{2x} - \frac{1}{24} x \cos x + c_1 y_1 \ldots + c_6 y_6$.

29) $n = 1$: $y = ce^{-\frac{x^2}{2}}$; $n = 2$: $y = e^{-\frac{x^2}{2}}(c_1 e^x + c_2 e^{-x})$; daher $y = e^{-\frac{x^2}{2}} z$. z genügt einer lin. Gleichung mit konst. Koeff.

$$L(z) = z^n + \sum_{l=1}^{n} z^{(n-2l)}(-1)^l \binom{n}{2l} 1 \cdot 3 \cdot 5 \cdot \ldots \cdot (2l-1).$$

Zur Herleitung beachtet man, daß

$$\left(e^{-\frac{x^2}{2}}\right)^{(j)} = e^{-\frac{x^2}{2}} \left\{ \sum_{l=1}^{j} x^{j-2l} (-1)^{l+j} \binom{j}{2l} \frac{(2l-1)!}{2^{l-1}(l-1)!} + (-x)^j \right\}.$$

30) Koeffizienten von dx, dy homogen vom 4. Grade. $y = xz$. Dann $z(z^3+1)\,dx - x(z^3-2)\,dz = 0$

$$x = C\frac{z^3+1}{z^2} = C\frac{y^3+x^3}{xy^2};\quad x^2y^2 = C(x^3+y^3).$$

31) $p = \pm\sqrt{a^2x^{-2}-1}$; $y = \pm\sqrt{a^2-x^2} \pm a \log \frac{x}{1+\sqrt{1-\frac{x^2}{a^2}}} + C$ für $|a| > |x| \neq 0$. Für $|x| > |a|$ keine reellen Integrale. x = 0 ist singuläre Lösung.

32) $y^{-1} = u$; $u' + u \operatorname{tg} x = 1$; $y = (\cos x)^{-1}\left(c + \int \frac{dx}{\cos x}\right)^{-1}$.

33) Totale Glchg. $z = \int_0^x t^2\,dt + \int_0^y (t^2 - 3x)\,dt = \frac{x^3}{3} - 3xy + \frac{y^3}{3}$, Lösung: $z = c$.

34) Integr. Faktor: $\mu = 2x$; $z = 2\int_0^x t(t^4 - 1)\,dt + 2x^2 \int_0^y t\,dt = \frac{x^6}{3} - x^2 + x^2y^2$. Lösung: $z = c$ oder $x^6 + 3x^2(y^2 - 1) = C$.

35) Es gibt integr. Faktor $\mu(x)$. Es ist $\mu = e^{-\frac{3x^2}{2}}$.
$z = 3\int_0^x (t^7 + \sin t)\, e^{-\frac{3t^2}{2}}\,dt + e^{-\frac{3x^2}{2}} y^3 = c$.

36) $x^{-\frac{1}{2}}\,dx = y^{\frac{\lambda}{2}-1}\,dy$; $\lambda \neq 0: y^{\frac{\lambda}{2}} = \lambda\sqrt{x} + C$; $\lambda = 0: y = Ce^{2\sqrt{x}}$.

37) $\mu = y^{-3}$; $z = -\int_0^x (1 + 3t^2)\,dt + 2x^3 \int_1^y t^{-3}\,dt = -x - x^3 y^{-2} = c$ oder $y^2(x + c) + x^3 = 0$.

38) $x^2 + y^2 - 1 = u$; $\left(\frac{u'}{2} - x\right) u' + u = 0$; $u - xu' = -\frac{u'^2}{2}$
$u = \bar{c}x - \frac{\bar{c}^2}{2}$; $\Phi = x^2 + y^2 - 1 - \sqrt{2}cx + c^2 = 0$; c-Diskriminante: $\Phi_c = -\sqrt{2}x + 2c = 0$; $c = \frac{x\sqrt{2}}{2}$; in $\Phi = 0$; $y^2 - 1 + \frac{x^2}{2} = 0$; die Ellipse $x^2 + 2y^2 = 2$ ist Enveloppe. — — p-Diskriminante: $\{F_p = 4y^2p + 2xy = 0;\ F = 0\}$ ergibt $p = \frac{-x}{2y}$; $\frac{x^2}{2} + y^2 - 1 = 0$.

39) Sei n der Grad eines Lösungspolynoms. Für $n \geqq 2$ hat die rechte Seite sicher einen Grad $\leqq 2n$, die linke den Grad $n + 2$. Also kann nur $n \leqq 2$ sein. Der Ansatz $y = Ax^2 + Bx + C$ führt bei Koeffizientenvergleich zu $-2A = A^2 - A$; $-B = 2AB - B$ $0 = 2AC + B^2 - C$; $2A = 2BC - 2$; $B = C^2$. Daraus folgt entweder zunächst $A = -1$, $B = 0$, $C = 0$, also $y_1 = -x^2$, oder $A = 0$, $B = C = 1$, d. h. $y_2 = x + 1$. Gemäß Aufg. 3/1 ergibt sich
$y + x^2 = c(y - x - 1)\, e^{\int \frac{x^2+x+1}{-1+x^3} dx}$ für das allg. Integral y.

40) Man multipliziere mit y. Dann $u = y^2$; $u' = q$.
$q(x - uq) = u(q^2 - 1)$; $u(2q^2 - 1) - qx = 0$ (Langrangesche Glchg.)
$u = q(2q^2 - 1)^{-1} x = f(q)\, x$; $q = f'(q) \frac{dq}{dx} x + f(q)$; $\frac{dx}{dq} = \frac{x f'(q)}{q - f(q)}$;
$$\log x = \int \frac{f'(q)}{q - f(q)} dq + c = -\int \frac{1 + 2q^2}{2q(q^2-1)(2q^2-1)} dq + c$$
$y^2 = q(2q^2 - 1)$; damit ist das allgem. Integral in Parameterform bestimmt. Drei singuläre Integrale $y^2 = \alpha_i x(2\alpha_i^2 - 1)^{-1}$; $\alpha_i = 0, 1, -1$ Wurzeln von $q - f(q) = 0$.

41) $yx = u$; $u' = xp + y$, $u - xu' = -\frac{u'^2}{4}$
Allg. Integral: $yx - 2c\,x + c^2 = 0$.
Singuläres Integral aus $\{(y + px)^2 - 4x^2 p = 0;\ 2(y + px)\,x - 4x^2 = 0\}$ $y + px = 2x$, also $4x^2(1 - p) = 0$; $p = 1$; $y = x$. Das ist eine singuläre Lösung. Auch $x = 0$ ist eine sing. Lsg., wie Umschreiben auf $q = p^{-1}$ zeigt.

42) Homogene Glchg.: $y = xz$; $zp^2 + p(1 + z^2) + z = 0$; $(z + p)(zp + 1) = 0$
1) $z + p = 0$; $2z + z'x = 0$; $x^2 z = xy = c$. 2) $zp + 1 = zz'x + z^2 + 1 = 0$; $u = 1 + z^2$; $\frac{1}{2} u'x + u = 0$; $ux^2 = c$; $x^2 + y^2 = c$.
Allgemeines Integral: $(xy - c)(x^2 + y^2 - c) = 0$.
Sing. Int.: $\{F_p = 2xyp + x^2 + y^2 = 0;\ F = 0\}$ $p = -(x^2 + y^2) \cdot (2xy)^{-1}$ wird eingesetzt in $F = 0$: $(x^2 + y^2)^2 - 2(x^2 + y^2)^2 + 4x^2 y^2 = -(x^2 - y^2)^2 = 0$, $x + y = 0$, $x - y = 0$ sind keine sing. Lsg., dagegen $x = 0$, $y = 0$.

43) $x^6 \left(\left(\frac{y}{x}\right)'\right)^4 - (1 + p^2)^2 \left(1 + \left(\frac{y}{x}\right)^2\right) = 0$; Polarkoordinaten.
$$r^6 \cos^6\varphi \left(\frac{dx}{d\varphi}\right)^{-4} \left(\frac{d}{d\varphi} \operatorname{tg}\varphi\right)^4 - \left(\frac{dx}{d\varphi}\right)^{-4} (1 + \operatorname{tg}^2\varphi)\left(r^2 + \left(\frac{dr}{d\varphi}\right)^2\right)^2 = 0$$
$$r^2 + \left(\frac{dr}{d\varphi}\right)^2 = r^3 \cos^4\varphi \left(\frac{d}{d\varphi}(\operatorname{tg}\varphi)\right)^2 = r^3;\ \frac{dr}{d\varphi} = \pm r\sqrt{r - 1};$$
$$\sqrt{r-1} = u;\ \frac{2u\,du}{(u^2+1)\,u} \pm d\varphi = 0;\ \operatorname{arctg}\sqrt{r-1} \pm \frac{\varphi}{2} = c;$$
$\sqrt{r-1} = \operatorname{tg}\left(c \pm \frac{\varphi}{2}\right)$. $r = 1$ sing. Lsg.

44) Es fehlt x; $y^2 = p^2 - p^3$; $2y \frac{dy}{dp} = 2p - 3p^2$; $2yp \frac{dx}{dp} = 2p - 3p^2$; $\frac{dx}{dp} = \frac{2 - 3p}{2\sqrt{p^2 - p^3}} = \frac{1}{p\sqrt{1-p}} - \frac{3}{2\sqrt{1-p}}$;

$\sqrt{1-p} = t$; $\left\{x = 3t + \log\frac{t-1}{t+1} + c;\ y = t - t^3\right\}$.

45) $(y - xp)^2 + p = 0$; $y - xp = \sqrt{-p}$; $y = cx + \sqrt{-c}$ ist allg. Int. $4xy = 1$ ist sing. Integral.

46) $y - px = \frac{p}{p^2-1}$; $y = cx + \frac{c}{c^2-1}$; Singul. Integral:

$$x + \frac{p^2 - 1 - 2p^2}{(p^2-1)^2} = 0; \quad \left\{x = \frac{p^2+1}{(p^2-1)^2}; \quad y = \frac{2p^3}{(p^2-1)^2}\right\}.$$

47) Die Ber. Tr. $X = \frac{x}{p}$; $Y = y - \frac{xp}{2}$; $P = \frac{1}{2}p^2$, führt zu $XY = P^2$; $\frac{dY}{\sqrt{Y}} = \sqrt{X}dX$; $\frac{1}{3}X\sqrt{X} - \sqrt{Y} = c$. Aus $4xy - 2px^2 - p^5 = 0$; $\frac{1}{3}\left(\frac{x}{p}\right)^{\frac{3}{2}} - \left(y - \frac{xp}{2}\right)^{\frac{1}{2}} = c$ ergibt sich

$$4x\left(y - \frac{xp}{2}\right) = p^5; \quad \frac{1}{3}\left(\frac{x}{p}\right)^{\frac{3}{2}} - \frac{p^{\frac{5}{2}}}{2\sqrt{x}} = c; \quad 2x^2 - 6cp^{\frac{3}{2}}\sqrt{x} = 3p^4$$

$\left\{x = x(p, c);\ y = \frac{p^5}{4x} + \frac{xp}{2} = y(p, c)\right\}$ ist das allg. Integral.

Anderer Lösungsweg: Die Transf. $\xi = x^\alpha$, $\alpha = \frac{5}{6}$ liefert eine Lagrangesche Diffgl.

48) Lagrangesche Gleichung. $y = x\frac{p^2+1}{2p} + \frac{p^3 - 3p}{2}$;

$$p = \frac{p^2+1}{2p} + x\frac{4p^2 - 2p^2 - 2}{4p^2}\frac{dp}{dx} + \frac{3p^2 - 3}{2}\frac{dp}{dx}; \quad \frac{dx}{dp}\frac{p^2-1}{p}$$

$$= x\frac{p^2-1}{p^2} + 3(p^2 - 1); \quad \frac{dx}{dp} = x\frac{1}{p} + 3p; \quad x = cp + 3p^2;$$

$$y = \frac{1}{2}(c + 3p)(p^2 + 1) + \frac{p^3 - 3p}{2}.$$

49) $(yp + x)^2 - 4y^2 = 0$; 1) $yp + x - 2y = 0$.

$$(1 - 2z)\,dx + z(z\,dx + x\,dz) = 0; \quad \frac{dx}{x} + \frac{z\,dz}{(1-z)^2} = 0;$$

$$\log x + \frac{1}{1-z} + \log(1 - z) = c; \quad \log(x - y) + \frac{x}{x-y} = c;$$

2) $yp + x + 2y = 0$; $\log(x + y) + \frac{x}{x+y} = c$. $x = 0$, $y = \pm x$ sind sing. Lsg.

50) $-xy\,dx + (x^2 - y^4)\,dy = 0$; es gibt integr. Faktor $\mu(y)$. $\mu = y^{-3}$; $-xy^{-2}dx + (x^2 - y^4)\,y^{-3}dy = 0$; $x^2 + y^4 + cy^2 = 0$.

51) $(p^2 + y^2)^2 + a^2(p^2 + y^2) - 2a^2y^2 = 0$; $p^2 = -y^2 - \frac{a^2}{2} \pm \sqrt{\frac{a^4}{4} + 2a^2y^2}$; $dy\left(-y^2 - \frac{a^2}{2} \pm \sqrt{\frac{a^4}{4} + 2a^2y^2}\right)^{-\frac{1}{2}} = dx$;

$$x = \int \cdots dy + c.$$

52) y habe die Dimension α, p also $\alpha - 1$. Dann haben die ersten drei Summanden die Dimension $2\alpha + 3$, der letzte 4α. Also $\alpha = \frac{3}{2}$, $y = e^{\frac{3}{2}t}u$; $x = e^t$; $p = e^{\frac{1}{2}t}(\frac{3}{2}u + u')$.

$$e^{6t}\left((\tfrac{3}{2}u + u')^2 - 3u(\tfrac{3}{2}u + u') + 2u^2 + u^4\right) = 0;$$

$$u' = \sqrt{\frac{1}{4}u^2 - u^4};\quad dx \pm \frac{2\,du}{u\sqrt{1-4u^2}} = 0;\qquad x \pm \int \frac{2\,du}{u\sqrt{1-4u^2}} = c.$$

53) $y^2 = u$; $u'^2 - \frac{2u}{x}u' + 4a^2 = 0$; $u' = \frac{u}{x} \pm \sqrt{\frac{u^2}{x^2} - 4a^2}$;

$$\frac{u}{x} = z;\quad xz' + z = z \pm \sqrt{z^2 - 4a^2};\qquad \frac{dz}{\sqrt{z^2 - 4a^2}} - \frac{dx}{x} = 0;$$

$$\operatorname{Ar\,Cos}\left(\frac{y^2}{2a\,x}\right) - \log x = c.$$

54) (Riccati.) Man versucht, ein Partikularintegral zu finden. Ein Polynom als Lösung muß mindestens den Grad 2 haben. Ansatz $y = Ax^2 + Bx + C$ führt zu $y_1 = -x^2 - 1$; $y_2 = -x^2 - \frac{1}{2}$. Dann allgemeines Integral

$$\frac{y + x^2 + 1}{y + x^2 + \frac{1}{2}} \cdot e^{\int \frac{2x}{x^2+1}dx} = c;\quad (y + x^2 + 1)(x^2 + 1) = c(y + x^2 + \tfrac{1}{2}).$$

55) $x(xp - y)^2 + (2x - 2y)(y^2 - x^2) = 0$;

$$x^5\left(\frac{d}{dx}\left(\frac{y}{x}\right)\right)^2 - 2(y - x)^2(y + x) = 0;\quad x^2z'^2 - 2(z-1)^2(z+1) = 0.$$

$$x\frac{dz}{dx} \mp (z-1)\sqrt{2(z+1)} = 0;\ \log x + \frac{1}{2}\log\frac{\pm\sqrt{z+1} + \sqrt{2}}{\pm\sqrt{z+1} - \sqrt{2}} = c.$$

56) $x - p^2 = u$; $y - u^2 - \frac{2}{3}p^3 = 0$; nach x differenziert:

$$0 = p - 2u\frac{du}{dx} - 2p^2\frac{dp}{dx};\ p - 2u\frac{du}{dp}\frac{dp}{dx} - 2p^2\frac{dp}{dx};\ \frac{dx}{dp} = 2p + \frac{du}{dp}$$

$$p\frac{dx}{dp} = 2u\frac{du}{dp} + 2p^2 = p\left(2p + \frac{du}{dp}\right)$$

1) $\frac{du}{dp} = 0$; $u = A$; $\left\{x = p^2 + A;\quad y = A^2 + \frac{2}{3}p^3\right\}$.

2) $p - 2u = 0$; $\left\{x = p^2 + \frac{p}{2};\quad y = \frac{p^2}{4} - \frac{2}{3}p^3\right\}$.

57) $y^2 - 2ypx + (yp)^3 = 0$; $u = y^2$; $u - xu' + \frac{1}{8}u'^3 = 0$; (Clairaut) $y^2 = cx - \left(\frac{c}{2}\right)^3$; Sing. Integral: $\left\{x = \frac{3}{8}t^2; y^2 = \frac{1}{4}t^3\right\}$.

58) $\mu = x + y$ ist int. Faktor. Lsg.: $3y^4 + 4xy^3 + 2(x^2 + 1)y^2 + 4x^3y + x^2(3x^2 + 2) + xy = c$.

59) $z = x^2 + y^2 + a^2$; $\left(x - \frac{y^2}{\frac{z'}{2} - x}\right)z' = 2a^2$; $\left(x\frac{z'}{2} - x^2 - y^2\right)z'$

$$= \left(\frac{z'}{2} - x\right)2a^2;\quad \left(x\frac{z'}{2} - z + a^2\right)z' = 2a^2\left(\frac{z'}{2} - x\right);$$

$2zz' = x(z'^2 + 4a^2)$; Lagrange $\left\{x = cp;\quad z = \frac{c}{2}(p^2 + 4a^2)\right\}$. Sing. Lsg.: $z = \pm 2ax$.

60) $y(3x^2 + y^2)\,dx - 2x^3\,dy = 0$ ist homogen vom Grade drei. $y = xz$. $(3z + z^3)\,dx - 2x\,dz - 2z\,dx = 0$; $\frac{dx}{x} - \frac{2dz}{z + z^3} = 0$

$\frac{1}{2}\log x - \log z + \frac{1}{2}\log(1 + z^2) = C$; $\frac{x(1 + z^2)}{z^2} = c$; $x(x^2 + y^2) - cy^2 = 0$.

61) (Lagrange) $p = p^2 + (2px + f'(p))\frac{dp}{dx}$; $\left(f = \frac{2p - 1}{(p - 1)^2}\right)$

$\frac{dx}{dp}(p - p^2) - 2px = f'(p)$; $x = c(p - 1)^{-2} - 2(p - 1)^{-3}$

Sing. Lsg.: $p = 0 : y = -1$.

62) $u = y + x$; $u = \left(\frac{u'}{u' - 2}\right)^2$; $\frac{du(\sqrt{u} - 1)}{2\sqrt{u}} - dx = 0$;

$\frac{u}{2} - \sqrt{u} - x = c$; $(y - x - 2c)^2 = 4(x + y)$; Sing. Lsg.: $u = y + x = 0$.

63) (Lagrange) $2p = p + \frac{1}{p} + x\left(1 - \frac{1}{p^2}\right)\frac{dp}{dx} + (p^2 - 1)\frac{dp}{dx}$;

$\left(p - \frac{1}{p}\right)\frac{dx}{dp} = x\left(1 - \frac{1}{p^2}\right) + p^2 - 1$; $\frac{dx}{dp} = x\frac{1}{p} + p$

$\left\{x = cp + p^2;\quad y = \frac{1}{2}(cp + p^2)\left(p + \frac{1}{p}\right) + \frac{1}{2}\left(\frac{p^3}{3} - p + 1\right)\right\};$
Sing. Int.: $p = \pm 1$; $2y = 2x + 1/3$; $2y = -2x + 5/3$.

64) (Riccati) $y_1 = \frac{1}{x}$ ist Lsg. $y = y_1 + u$; $y_1' + u' + y_1^2 + 2uy_1 + u^2 - ax^{-1}y_1 - ax^{-1}u + ax^{-2} = 0$; $u' + u^2 + u(2y_1 - ax^{-1}) = 0$; $\frac{d}{dx}\left(\frac{1}{u}\right) - \frac{1}{u}(2x^{-1} - ax^{-1}) - 1 = 0$;

$u^{-1} = cx^{2-a} + \frac{x}{a-1}$; $y = x^{-1} + u$, allg. Int.

65) (Bernoulli) $u = y^{-1}$; $u' \cos 2x - 2u \operatorname{tg} x - 1 = 0$; hom. Gl.: $U' : U = \int \frac{2 \operatorname{tg} x}{\cos 2x} dx$; $\cos x = t$; $U = -\cos^2 x \cdot \cos^{-1} 2x$;

inhom. Gl.: $u = c\frac{\cos^2 x}{\cos 2x} + \frac{1}{2}\operatorname{tg} 2x$.

66) $\frac{dp}{p^3 - p^2} = \frac{dx}{1 - x^2}$; $\frac{1}{p} - \log p + \log(p - 1)$

$= \frac{1}{2}\log\frac{1 + x}{1 - x} + c_1$; $x = \frac{C_1(p-1)^2 e^{\frac{1}{2p}} - p^2}{C_1(p-1)^2 e^{\frac{1}{2p}} + p^2} = \varphi(p, C_1)$; $dy = p\,dx$

$= \frac{1 - x^2}{p^2 - p}dp = \frac{1 - \varphi^2}{p^2 - p}dp = \psi(p, C_1)\,dp$; $y = \int \psi(p, C_1)dp + C_2$.

67) $r(y^2 - x^2) + (1 - p^2)y^2\frac{d}{dx}\left(\frac{x}{y}\right) = 0$;

$\frac{\frac{dp}{dx}}{1 - p^2} + \frac{\frac{d}{dx}\left(\frac{x}{y}\right)}{1 - \left(\frac{x}{y}\right)^2} = 0$; $\log\frac{1 + p}{1 - p} + \log\frac{1 + \frac{x}{y}}{1 - \frac{x}{y}} = c_1$;

$\frac{1 + p}{1 - p}\,\frac{y + x}{y - x} = C_1$; $zx = y$; $\frac{x\,dz + z\,dx + dx}{dx - x\,dz - z\,dx}\,\frac{z + 1}{z - 1} = C_1$;
$dx((z + 1)^2 + C_1(z - 1)^2) + x\,dz(z(1 + C_1) + 1 - C_1) = 0$
$c_2 = x^2 + y^2 + yx\bar{c}_1$.

68) $x \cdot \left(\frac{1}{p}\right)' - \frac{1}{p} + x^3 = 0$; $\frac{1}{p} = \frac{c_1}{2}x - \frac{1}{2}x^3$;

$y = 2\int\frac{dx}{c_1 x - x^3} + c_2$.

69) $x^2 \frac{yr - p^2}{y^2} + 1 = 0;\ \frac{d}{dx}\left(\frac{p}{y}\right) = -x^{-2};\ \frac{p}{y} = \frac{1}{x} + C_1,$
$\log y = \log x + c_1 x + c_2;\ y = C_2 x\ e^{c_1 x}.$

70) $r = \frac{dp}{dy} \cdot p;\quad p\left(\frac{dp}{dy} \sin y - \cos y \cdot p\right) = 0;\quad p = 0;$
$y = c_1;\ \frac{dp}{dy} \sin y - \cos y\ \ p = \sin^2 y \frac{d}{dy}\left(\frac{p}{\sin y}\right) = 0;\quad p = c_1 \sin y;$
$\frac{dy}{\sin y} = c_1 dx;\ c_1 x - \log \operatorname{tg} \frac{y}{2} = c_2.$

71) $r \cdot p = \frac{p}{\sin y};\ \frac{p^2}{2} - \log \operatorname{tg} \frac{y}{2} = c_1;\ x = \int \frac{dy}{\sqrt{2 \log \operatorname{tg} \frac{y}{2} + 2c_1}} + c_2.$

72) $\frac{r}{p+1} - \frac{p}{y} = 0;\ \log(p+1) - \log y = C;\ p = c_1 y + 1;$
$y = -\frac{1}{c_1} + c_2 e^{c_1 x}.$

73) $\frac{d}{dx}\left(\frac{p}{y}\right) = \frac{1}{y^2};\ \frac{d}{dy}\left(\frac{p}{y}\right)\ \frac{p}{y} = y^{-3};\ \left(\frac{p}{y}\right)^2 + y^{-2} = c_1$
$p^2 = c_1 y^2 - 1;\quad \frac{dy}{\sqrt{c_1 y^2 - 1}} - dx = 0;$

74) $3(rp + yp)(y^2 + p^2)^{\frac{1}{2}} = 3ap;\quad (y^2 + p^2)^{\frac{3}{2}} = 3ay + c_1;$
$p^2 = (3ay + c_1)^{\frac{2}{3}} - y^2;\ x = \int \frac{dy}{\sqrt{(3ay + c_1)^{\frac{2}{3}} - y^2}} + c_2.$

75) Ansatz: $y = c_0 + c_1 x + c_2 x^2;\ c_0 - c_1^2 - 4c_2^2 = 0.$ Allg. Int.: $y = c_1^2 + 4c_2^2 + c_1 x + c_2 x^2.$ Differenziere! $y''' = 0.$

76) $\frac{y''}{y'} = u;\quad \frac{\varphi''}{\varphi'} = \psi;\quad u' - \frac{1}{2} u^2 = \psi' - \frac{1}{2} \psi^2;$ (Riccati)
Part. Lsg. $u_1 = \psi;\ u = z + \psi;\ z' - \frac{1}{2} z^2 - \psi z = 0;$
$z^{-1} = \frac{c_1}{2} e^{-\int \psi dx} - \frac{1}{2} e^{-\int \psi dx} \int e^{\int \psi dx} dx = \frac{c_1}{2} \varphi'^{-1}$
$-\frac{1}{2} \varphi'^{-1} \int \varphi' dx = \frac{c_1}{2} \varphi'^{-1} - \frac{1}{2} \varphi \varphi'^{-1};\quad z = \frac{2\varphi'}{c_1 - \varphi};$
$\frac{y''}{y'} = u = \frac{2\varphi'}{c_1 - \varphi} + \frac{\varphi''}{\varphi'};\ y' = \frac{c_2 \varphi'}{(c_1 - \varphi)^2};$
$y = \frac{c_2}{c_1 - \varphi} + c_3 = \frac{C_1 \varphi + C_2}{C_3 - \varphi}.$

77) y'' läßt sich als unbekannte Funktion u auffassen. p, r seien die Ableitungen von $u : u\, r - \frac{5}{3}\, p^2 = 0$; $3\,\frac{r}{p} - 5\,\frac{p}{u} = 0$; $p^3 = \bar{c}_1^3 u^5$; $\frac{du}{\bar{c}_1\, u^{\frac{5}{3}}} - dx = 0$; $C_1 u^{-\frac{2}{3}} - x = C_2$; $y'' = u = (c_1 x + c_2)^{-\frac{3}{2}}$

$$y' = -(c_1 x + c_2)^{-\frac{1}{2}}\,\frac{2}{c_1} + c_3; \quad y = -\frac{4}{c_1^2}\,(c_1 x + c_2)^{\frac{1}{2}} + c_3 x + c_4.$$

78) Aus $\Phi = 0$; $\frac{d\Phi}{dx} = 0$ ist c zu eliminieren oder aus $\Phi = 0$, $\frac{d\Phi}{dx} = 0 = \frac{d^2\Phi}{dx^2}$ sind c_1, c_2 zu eliminieren usw.

a) $y'^3 - 27y^2 = 0$; b) $y'''y - y''y' = 0$; c) $y'^3 + xy' - y = 0$; d) $y'^2(y^4 + 2x^4y^3 - x^{10}) + 2x^3yy'(y^2 + 2x^2y + x^6) + 4x^2y^2(2x^6 - y^3) + 4x^{10} = 0$.

79) Man differenziert F neunmal; aus den sechs Gleichungen $d^k F = 0 (4 \leqq k \leqq 9)$, die linear homogen in den sechs Größen A, $Bx + C$, B; $Ex^2 + Fx + G$; $2Ex + F$, $2E$ sind, erhält man als notwendig und hinreichend das Verschwinden der Determinante dieses Systems von 6 Gleichungen: $\triangle = 0$.

1. Kolonne: $(y^3)^{(4)}, (y^3)^{(5)}, \ldots, (y^3)^{(9)}$. 2. Kolonne: $(y^2)^{(4)}, \ldots, (y^2)^{(9)}$. 3. Kolonne: $4(y^2)^{(3)}$; $5(y^2)^{(4)}, \ldots 9(y^2)^{(8)}$; 4. Kolonne: $(y)^{(4)}, \ldots, y^{(9)}$. 5. Kolonne: $4y^{(3)}, 5y^{(4)}, \ldots, 9y^{(8)}$. 6. Kolonne: $\binom{4}{2} y''$; $\binom{5}{2} y''', \ldots \binom{9}{2} y^{(7)}$.

80) $\Phi = 0$; $\frac{d\Phi}{dx} = y' - c_1 \cos\left(\frac{n}{x} + c_2\right) - c_1\,\frac{n}{x}\sin\left(\frac{n}{x} + c_2\right) = 0$

$$\frac{d^2\Phi}{dx^2} = y'' + c_1\,\frac{n^2}{x^3}\cos\left(\frac{n}{x} + c_2\right); \text{ daraus: } y'' + n^2 x^{-4}\, y = 0.$$

81) $(ye^{-mx})'' = 0$, also $y'' - 2my' + m^2 y = 0$.

82) $dy\, f(y)^{\frac{1}{n}} = dx \cdot x^{\frac{1}{n}}$; $n \neq -1$:

$$x = \left[\frac{n+1}{n}\int f(y)^{\frac{1}{n}}\, dy + C\right]^{\frac{n}{n+1}}. \quad n = -1 : x = c \cdot e^{\int \frac{dy}{f(y)}}.$$

83) $dy\, y^{-\frac{1}{n}} = dx\, f(x)^{-\frac{1}{n}}$ ist identisch mit Aufg. 82 bei Vertauschung von x und y und $(-n)$ an Stelle n.

84) $u = y^2$; $u' = 2yp$; $f\left(\frac{xu'}{2}\right) = \sqrt{u}$. Falls es intervallweise eine Umkehrfunktion gibt, gilt: $\frac{xu'}{2} = \varphi(\sqrt{u})$;

$$2 \log x = \int \frac{du}{\varphi(\sqrt{u})} + c; x = Ce^{\int \frac{y}{\varphi(y)} dy}.$$

85) $y^2 = u$; $\frac{u'}{2} - x = f\left(u - \frac{u'^2}{4}\right)$; $u = x^2 + v$;
$v' = 2f\left(v + x^2 - \frac{(v' + 2x)^2}{4}\right) = 2f\left(v - \frac{v'^2}{4} - v'x\right)$; φ Umkehrfkt. von f. $v - v'x = \frac{v'^2}{4} + \varphi\left(\frac{v'}{2}\right) = \psi(v')$. Das ist eine Clairautsche Gleichung. $y^2 = x^2 + cx + \psi(c)$. Singuläres Integral: $x = -\psi'(q)$; $y^2 = \psi'^2(q) - q\psi'(q) + \psi(q)$.

86) $x = \xi^m$ führt zu der Clairautschen Gleichung:

$$y - \xi\bar{p} = f\left\{\left(\frac{\bar{p}}{m}\right)^m\right\} = F(\bar{p}).$$

87) $F(u, v) = 0$; $F_u \frac{du}{dx} + F_v \frac{dv}{dx} = F_u\left(p + p\frac{dp}{dx} G''(p)\right)$ $+ F_v\left(1 + G''(p)\frac{dp}{dx}\right) = 0$. 1) $1 + G''(p)\frac{dp}{dx} = 0$; $x + G'(p) = c$; $F(u, c) = 0$ ergebe $u = f(c)$. $y = G(p) - pG'(p) + f(c)$; $x = -G'(p) + c$ ist das allgemeine Integral in Parameterform. 2) $F_u \cdot p + F_v = 0$ und $F = 0$ ergebe $u = g(p)$, $v = h(p)$. $y = G(p) - pG'(p) + g(p)$; $x = -G'(p) + h(p)$ ist ein sing. Integral.

88) $F\left(x^2\frac{y''}{y}, \frac{xy'}{y}, 1\right) = 0$; $x^2\frac{y''}{y} = \varphi\left(\frac{xy'}{y}\right)$; $xy' = u$ als neue unbek. Fkt. gewählt. $\frac{du}{dy} = \frac{du}{dx} : y' = (y' + xy'') : y' = 1 + \frac{xy''}{y'}$; $u\frac{du}{dy} = u + x^2y''$; $u\frac{du}{dy} - u = y\varphi\left(\frac{u}{y}\right)$; $\frac{du}{dy} = 1 + \frac{y}{u}\varphi\left(\frac{u}{y}\right)$. Das ist eine hom. Gl. $z = u : y$ führt durch Quadratur zur Lösung.

89) Nach x differenziert: $p^2r - p^2r - yr^2 - ypr' + pf'(y) + yf''(y)p - f'(y)p = F'(pr - f'(y))(r^2 + pr' - f''(y)p)$.
$(r^2 + pr' - f''(y)p)(F'(pr - f'(y)) + y) = 0$,

1) $0 = r^2 + pr' - pf''(y) = \frac{d}{dx}(pr - f'(y))$; $pr - f'(y) = c_1$;

$p^2 \frac{dp}{dy} - f'(y) = c_1$; $\frac{p^3}{3} - f(y) = c_1 y + c_2$; $dy(f(y) + c_1 y + c_2)^{-\frac{1}{3}}$ $= \sqrt[3]{3}\, dx$; $\sqrt[3]{3}\, x = \int (f(y) + c_1 y + c_2)^{-\frac{1}{3}} dy + c_3$. Da wir differenziert haben, so sind nicht alle diese Funktionen auch Lösungen. Doch gilt für alle $\frac{p^3}{3} - f(y) = c_1 y + c_2$; $pr - f'(y) = c_1$. In der ursprünglichen Glchg. ergibt sich daher $c_1 y + c_2 - y c_1 = F(c_1)$. Daher Lösungen: $\sqrt[3]{3}x = \int (f(y) + c_1 y + F(c_1))^{-\frac{1}{3}} dy + c_2$.

2) $F'(pr - f'(y)) + y = 0$; $pr - f'(y) = \varphi(y)$; $p^2 \frac{dp}{dy}$ $= \varphi(y) + f'(y) = \psi(y)$; $p^3 = 3\int_0 \psi(y)\, dy + 3c_1$;

$\sqrt[3]{3}dx = dy\left(c_1 + \int \psi dy\right)^{-\frac{1}{3}} = X(y)\, dy$; $x = \sqrt[3]{3^{-1}} \int X(y)\, dy + c_2$. Für alle diese Funktionen gilt $pr - f'(y) = \varphi(y)$; $\frac{1}{3}p^3 - f(y) + f(0)$ $= \int_0 \varphi(y)\, dy + c_1$. Es ist ferner die Diffgl. bis auf eine add. Konstante erfüllt. Also gilt $c_1 + \int_0 \varphi(y)\, dy - y\varphi(y) - f(0) = F(\varphi(y))$. Daher muß $c_1 = F(\varphi(0)) + f(0)$ gewählt werden.

90) $xp - y = u$; $u' = xr$; $u' f(x) = xF(u)$; $\int \frac{du}{F(u)} - \int \frac{xdx}{f(x)}$ $= F_1(u) - F_2(x) = c_1$; $u = \varphi_1(F_2(x) + c_1) = F_3(x, c_1)$. (Es ist φ_1 Umkehrf. von F_1); $xp - y = F_3(x, c_1)$; $y = x\int x^{-2} F_3(x, c_1)\, dx + c_2 x$.

91) $F(u, v, w) = 0$; $F_u \frac{dr}{dx} + F_v\left(-x\frac{dr}{dx}\right) + F_\omega \frac{1}{2} x^2 \frac{dr}{dx} = 0$.

1) $\frac{dr}{dx} = 0$; $y = Ax^2 + Bx + C$, wobei $F(2A, B, C) = 0$ sein muß. Das ist das allgemeine Integral.

2) $F_u - xF_v + \frac{1}{2} x^2 F_\omega = \frac{\partial F}{\partial r} = 0$; dazu kommen $F(u, v, w) = 0$ und die Identität $w = y - xv - \frac{1}{2} x^2 u$. Daraus lassen sich u, v, w i. a. als Funktionen von x und y berechnen: $u = u(x, y)$, $v = v\,(x, y)$, $\omega = \omega(x, y)$. Aus $y' = xu + v = p(x, y)$ erhält man ∞^1 Integrale, die singuläre Integrale der ursprünglichen Gleichung sind. $F(u, v, w)$ $= F^*(x, y) = 0$ ist Diskriminantenort.

92) Die Substitution $f(y)g(x) + h(x) = \eta$, $\varphi(x) = \xi$ ergibt die Gleichung $F\left(\frac{\eta}{\xi}, \frac{d\eta}{d\xi}\right) = 0$; Elimination von $\frac{d\eta}{d\xi}$ führt zu $\frac{d\eta}{d\xi} = f\left(\frac{\eta}{\xi}\right)$. Das ist eine homogene Gleichung 1. Ordnung.

93) Bestimmung von $p(x)$ durch den Ansatz $y = \sqrt{x}$; $p(x) = \frac{3}{8}$. Integrationsansatz: $y = x^r$ liefert $r_1 = {}^1/_2$, $r_2 = \frac{5 + \sqrt{13}}{4}$, $r_3 = \frac{5 - \sqrt{13}}{4}$. Allg. Int.: $y = c_1 x^{r_1} + c_2 x^{r_2} + c_3 x^{r_3}$.

94) Aus $\Phi \equiv \sqrt{P(x)Q(y)} - \sqrt{P(y)Q(x)} - c(x - y) = 0$ und $\frac{d\Phi}{dx} = 0$ wird c eliminiert. Unter Benutzung der Tatsache, daß P und Q Polynome zweiten Grades sind, findet man:

$$\frac{dx}{\sqrt{P(x)Q(x)}} = \frac{dy}{\sqrt{P(y)Q(y)}}.$$

95) $y = \sum\limits_0^\infty a_k x^k$; $(k + 2)(k + 1)a_{k+2} = (k - n)a_k$

$$a_{2k} \cdot (2k)! = (2k - n - 2)(2k - n - 4) \cdots (-n)a_0;$$
$$a_{2k+1}(2k + 1)! = (2k - n - 1)(2k - n - 3)(1 - n)a_1$$

a_0, a_1 beliebig.

96) Ansatz: $y = \sum\limits_{\nu=0}^\infty a_\nu x^{\varrho-\nu}$;

$$1)\ \varrho = n: y_1 = x^n - \frac{n(n-1)}{2}\frac{1}{2n-1}x^{n-2} + \frac{n(n-1)(n-2)(n-3)}{2\ 4}\frac{1}{(2n-1)(2n-3)}x^{n-4} - \cdots$$

$$2)\ \varrho = -(n+1): y_2 = x^{-n-1} + \frac{(n+1)(n+2)}{2}\frac{1}{2n+3}x^{-n-3} + \frac{(n+1)(n+2)(n+3)(n+4)}{2 \cdot 4}\frac{1}{(2n+3)(2n+5)}x^{-n-5} + \cdots$$

Konvergenz für $|x| > 1$. Ist n positiv ganzzahlig, dann ist y_1 ein Polynom: $y_1 \cdot \frac{(2n)!}{2^n(n!)^2} = P_n(x)$ Legendre-Polynom. Für die zweite Lösung gilt, wie direkter Koeffizientenvergleich zeigt,

$$y_2 = x^{-n-1}F\left(\frac{n+1}{2},\ \frac{1}{2}n + 1;\ n + \frac{3}{2};\ x^{-2}\right),$$

wo F die hypergeometrische Reihe bezeichnet.

97) $y = \sum_0^\infty c_n x^n$; $c_1 = c_3 = 0$; c_0, c_2 beliebig. $c_n = \frac{4}{n(n-2)}$
$\cdot c_{n-4}$ $(n \geqq 4)$; $c_{4k+1} = c_{4k+3} = 0$; $c_{4k} = \frac{c_0}{(2k)!}$; $c_{4k+2} = \frac{c_2}{(2k+1)!}$.
$y = c_0 \sum_0^\infty \frac{x^{4k}}{(2k)!} + c_2 \sum_0^\infty \frac{x^{4k+2}}{(2k+1)!}$; Allg. Integral: $y = C_1 \operatorname{Cos} x^2$
$+ C_2 \operatorname{Sin} x^2$.

98) $L \equiv x^2 y'' - 4xy' - x^2 y = 0$;

$y = \sum_0^\infty c_k x^{k+\alpha}$; $(c_{-1} = c_{-2} = 0)$;

$$L(y) = \sum_0^\infty x^{k+\alpha}\left[(k+\alpha)(k+\alpha-1)\,c_k - 4(k+\alpha)\,c_k - c_{k-2}\right];$$

$$c_k = c_{k-2}\,\frac{1}{(k+\alpha)(k+\alpha-5)}.$$

Die beiden Wurzeln von $f(\alpha) = \alpha(\alpha - 5)$ unterscheiden sich also um eine ganze Zahl. Für $\alpha = 5$ ergibt sich $0 = c_1 = c_3 = \cdots = c_{2k+1}$; c_0 willkürlich

$c_2 = c_0 \frac{1}{7 \cdot 2}$; $c_4 = \frac{c_0}{(5+2)(5+4)\,2 \cdot 4}$; ...

$$c_{2k} = \frac{c_0}{(5+2)(5+4)\cdots(5+2k)\,2\cdot 4\cdot 6\cdot (2k)};$$

$$y_1 = c_0 \sum_{k=0}^\infty \frac{x^{2k}}{(2k)!}\,\frac{1\cdot 3\cdot 5}{(2k+1)(2k+3)(2k+5)}.$$

Wählen wir $\alpha = 0$ und setzen $c_0 = 0$, dann wird $c_{2k} = 0$. $c_{-1} = c_1 = c_3 = 0$. c_5 ist willkürlich. $c_7 = c_5 \frac{1}{7(7-5)}$; $c_9 = c_5 \frac{1}{7 \cdot 2 \cdot 9 \cdot 4}$;

$$c_{2k+1} = c_5 \frac{1\cdot 3\cdot 5(2k-2)\cdot 2k}{(2k+1)!}; \quad y_2 = c_0' \sum_2^\infty \frac{x^{2k+1}}{(2k+1)!}\,k(k-1).$$

Wir haben hier den Sonderfall, wo trotz ganzzahliger Wurzeldifferenz auch das zweite Integral logarithmenfrei ist.

99) $l(r) = r^n + a_1 r^{n-1} \cdots + a_n = 0$ habe lauter einfache Wurzeln r_ν. Dann ist auf Grund der Partialbruchzerlegung

$$A_0 + A_1 x + A_2 x^2 \cdots = \sum_{\nu=1}^n \frac{C_\nu}{1 - r_\nu x}$$

$C_\nu = C_\nu(a, c)$. Da $(1-x)^{-1} = 1 + x + x^2 + \cdots$ und $e^x = 1 + \frac{x}{1!} + \frac{x^2}{2!} \cdots$ ist, so folgt $A_0 + \frac{A_1}{1!} x + \cdots = \sum_{\nu=1}^{n} C_\nu e^{r_\nu x}$. Bei mehrfachen Wurzeln läuft der Beweis ähnlich.

100) Der größte gemeinsame Teiler sei $T(D)$. Dann hat $T = 0$ als Lösungen alle gemeinsamen Lösungen von $P = 0$ und $Q = 0$. Solche gemeinsamen Lösungen haben wir zu finden. — $x^3 Q(y) + (x^2 + 1) P(y) = (2x^4 + 5x^3 + 1)((x^2 + 1) y' - xy) = 0$; $y = c\sqrt{x^2 + 1}$ ist nun in der Tat gemeinsame Lösung. Jetzt kann man (G. D. 65) sowohl für $P = 0$ wie $Q = 0$ ein zweites Integral finden und hat so das allgemeine Integral jeder der beiden Gleichungen.

101) $DP = p_0' D^n \cdots + p_k' D^{n-k} \cdots + p_n' + p_0 D^{n+1} \cdots + p_k D^{n-k+1} \cdots + p_n D$; $PD = p_0 D^{n+1} \cdots + p_n D$; $DP - PD = p_0' D^n \cdots + p_k' D^{n-k} \cdots + p_n' = 0$; $p_k' = 0$; $p_k = a_k$.

102) $PD^2 = p_0 D^{n+2} \cdots + p_n D^2$; $D^2 P = p_0 D^{n+2} \cdots + p_n D^2 + 2p_0' D^{n+1} \cdots + 2p_n' D + p_0'' D^n \cdots + p_n''$; $D^2 P - PD^2 = 2p_0' D^{n+1} + (p_0'' + 2p_1') D'' \cdots + (p_{n-1}'' + 2p_n') D + p_n'' = 0$. Also $p_0' = 0$; $p_0 = a_0$; $p_1' = 0$; $p_1 = a_1$; $\cdots p_n' = 0$; $p_n = a_n$.

103) Zeigen wir zunächst, daß $L_n = D^n(\pi D^n)$ ein selbstadjungierter Ausdruck ist, d. h. gemäß G. D. 72, daß $uL_n(y) - yL_n(u)$ ein totales Differential ist. Das ist richtig für $n = 0$ $(P_0 \equiv 0)$. Es sei für $(n-1)$ bewiesen.

$$uD^n(\pi D^n(y)) - yD^n(\pi D^n(u)) = D(uD^{n-1}(\pi D^n(y)))$$
$$- u'D^{n-1}(\pi D^n(y)) - D(yD^{n-1}(\pi D^n(u))) + y'D^{n-1}(\pi D^n(u))$$
$$= D[uD^{n-1}(\pi D^n(y)) - yD^{n-1}(\pi D^n(u))] - \frac{d}{dx}(P_{n-1}(u', y'))$$
$$= \frac{d}{dx}(P_n).$$

Nun ist vorausgesetzt: $Q = p_0 D^{2n} \cdots + p_{2n}$ ist selbstadjungiert.

Beh.: $Q \equiv D^n(\pi_0 D^n) + D^{n-1}(\pi_1 D^{n-1}) + \cdots + \pi^n$.

Beweis: $Q_1 = Q - D^n(p_0 D^n) = p_0 D^{2n} + p_1 D^{2n-1} + \cdots - p_0 D^{2n} - \binom{n}{1} p_0' D^{2n-1} \ldots$ ist selbstadjungiert als Differenz zweier solcher Ausdrücke. Die Adjungierte von Q ist

$$\overline{Q} = p_0 D^{2n} + \left(\binom{2n}{1} p_0' - p_1\right) D^{2n-1} + \cdots$$
$$= \sum_{i=0}^{2n} \sum_{k=0}^{i} (-1)^k \binom{2n-k}{2n-i} p_k^{(i-k)} D^{2n-i}.$$

Wegen $\overline{Q} = Q$ ist $np_0' = p_1$. Daher ist Q_1 in D vom Grade kleiner oder gleich $2(n-1)$. Im Falle des Gleichheitszeichen können wir durch Induktion schließen

$$Q_1 = D^{n-1}(\pi_1 D^{n-1}) + \cdots,$$

woraus die Behauptung für Q folgt. Ist der Grad von Q_1 kleiner als $2(n-1)$

$$Q_1 = \left(p_2 - \binom{n}{2} p_0''\right) D^{2n-2} + \left(p_3 - \binom{n}{3} p_0'''\right) D^{2n-3} + \cdots,$$

so ergibt sich mit Hilfe der aus der Selbstadjungiertheit von Q folgenden Identität

$$\binom{2n}{3} p_0''' - \binom{2n-1}{2} p_1'' + \binom{2n-2}{1} p_2' - p_3 = p_3,$$

daß mit $p_2 - \binom{n}{2} p_0'' = 0$ auch $p_3 - \binom{n}{3} p_0''' = 0$ gilt. Es läßt sich auch allgemein schließen, daß Q_1 immer von gerader Ordnung und daher der Induktionsschluß möglich ist.

104) $F(x, y, y', \ldots, y^{(n)}) = 0$ sei die abgebr. Diffgl. für y. Es gilt auch $F_1 = \frac{d}{dx} F = 0$, und F_1 ist ebenfalls algebraisch. Eliminiert man aus $F = 0$, $F_1 = 0$ die Größe y, so ergibt sich eine alg. Glchg. $G(x, y', y'', \ldots, y^{(n+1)}) = 0$. Nun ist $y' = \frac{z'}{z}$; $y'' = \frac{z''}{z} - \left(\frac{z'}{z}\right)^2$ usw. Das ergibt aus $G = 0$ eine alg. Glchg. $H(x, z, z', \ldots, z^{(n+1)}) = 0$.

105) Adjungierte von $L(y)$ ist $\overline{L}(u) = u'' - p_1 u' + (p_2 - p_1') u = 0$. $u L(y) - y \overline{L}(u) = \frac{d}{dx}(P(y, u))$; $P = p_1 yu + y'u - yu'$. Sei $u = c_1 u_1 + c_2 u_2$ das allg. Integral von $\overline{L}(u) = 0$. Es ist $P(y_1, u) = C_1 = p_1 y_1 u + y_1' u - y_1 u'$; $P(y_2, u) = C_2 = p_1 y_2 u + y_2' u - y_2 u'$. $u = (C_1 y_2 - C_2 y_1)(y_1' y_2 - y_2' y_1)^{-1}$. Das ist also das allgemeine Integral.

106) $p = c$; $y = cx + \varphi(c) = A_0(x) c^2 + A_1(x) c + A_2(x)$; $c = A_0'(x) c^2 + A_1'(x) c + A_2'(x)$. Also: $A_0' = A_2' = 0$; $A_1' = 1$; $A_0 = a_0$; $A_2 = a_2$; $A_1 = x + a_1$; $\varphi(c) = a_0 c^2 + a_1 c + a_2$; $y = px + a_0 p^2 + a_1 p + a_2$ (Clairaut); sing. Int. $\{x = -2a_0 p - a_1$; $y = -a_0 p^2 + a_2\}$.

107) $y_1 y_2 = 1$; $\left(\frac{1}{y_1}\right)'' + p\left(\frac{1}{y_1}\right)' + q\frac{1}{y_1} = 0$; $\frac{-y_1''}{y_1^2} + 2\frac{y_1'^2}{y_1^3} - p\frac{y_1'}{y_1^2} + q\frac{1}{y_1} = 0$; $y_1'' + py_1' + qy_1 = 2qy_1 + 2\frac{y_1'^2}{y_1} = 0$;

$q = -\left(\frac{y_1'}{y_1}\right)^2$; $y_1'' + p y_1' = \frac{y_1'^2}{y_1}$; $p = \frac{y_1'^2 - y_1 y_1''}{y_1 y_1'} = \left(\frac{y_1}{y_1'}\right)' \cdot \frac{y'}{y_1}$; $2pq + q' = 0$. Das ist die gewünschte Beziehung zwischen p und q. Die Diffgl. läßt sich integrieren: $y_1 = e^{\int\sqrt{-q}\,dx}$; $y_2 = y_1^{-1}$. Für $p = x^{-1}$ ergibt sich $q = Ax^{-2}$.

108) $\frac{\partial\varphi}{\partial x} + \varphi^2 + P\varphi + Q = 0$; $\frac{\partial^2\varphi}{\partial x\partial c} + 2\varphi\frac{\partial\varphi}{\partial c} + P\frac{\partial\varphi}{\partial c} = 0$; $\frac{\partial^2\varphi}{\partial x\partial c} : \frac{\partial\varphi}{\partial c} + 2\varphi + P = 0$; $\log\frac{\partial\varphi}{\partial c} + 2\int\varphi\,dx + \int P\,dx = C$.

109) Es soll $f_z z' + f_{z'} \cdot z'' + f^2(z, z') + P(x) f(z, z') + Q = \Phi \cdot (z'' + Pz' + Qz)$ sein, wobei der Faktor Φ abhängen kann von x und z, aber nicht von z', da sonst keine Äquivalenz zwischen der Riccatischen und der linearen Gl. bestünde. Es muß $f_{z'} = \Phi$; $f(z, z') = \Phi(x, z) \cdot z' + g(z)$ gelten. Also ist Φ unabhängig von x. $(\Phi'(z) z' + g'(z)) z' + \Phi(z) z'' + (z'\Phi + g)^2 + P(\Phi z' + g) + Q = \Phi z'' + \Phi P z' + \Phi Q z$; rechts kommt z'^2 nicht vor. Daher $\Phi'(z) + \Phi^2(z) = 0$; $\Phi(z) = z^{-1}$. Daraus folgt leicht $g = 0$. Die Transf. $y = z' : z$ führt also die Riccatische Gl. in die lineare über.

110) Von der Aufg. 110) zu Aufg. 95) führt die Substitution $u = y\,e^{-\frac{x^2}{4}}$, gemäß dem allgemeinen Prinzip, den Koeffizienten der $(n-1)$ten Ableitung einer lin. Gl. n-ter Ordnung Null zu machen. Also $y = u e^{\frac{x^2}{4}}$ leistet das Verlangte.

(111) Part. Int. $y = x$; Ansatz: $y = x + z$; $z' + P(x)(z^2 + 2zx) = 0$; $z^{-1} = c e^{\int 2xP\,dx} + e^{\int 2xP\,dx}\int e^{-\int 2xP\,dx} P(x)\,dx$; z soll immer rational sein. Also $e^{\int 2xP\,dx} = R(x)$; $P = \frac{R'}{R}\cdot\frac{1}{2x}$; ferner muß $\int R^{-1}\cdot P\,dx = \int R^{-2} R' \frac{1}{2x}\,dx$ rational sein. Partielle Integr. $\int \frac{1}{Rx^2}\,dx$ muß rational sein.

112) $(y_1 + y_2)' = a(y_1^2 + y_2^2) + b(y_1 + y_2) + 2c = a(y_1 + y_2)^2 - 2a y_1 y_2 + b(y_1 + y_2) + 2c = a(y_1 + y_2)^2 + (b - 2a)(y_1 + y_2) + 2c$; $(y_1 + y_2)' = (y_1 y_2)' = y_1' y_2 + y_1 y_2' = a y_1 y_2 (y_1 + y_2) + 2b y_1 y_2 + c(y_1 + y_2) = a(y_1 + y_2)^2 + (y_1 + y_2)(2b + c)$. Also:

$y_1 + y_2 = (A =) \frac{2c}{b+c+2a} = y_1 y_2$. Daraus $y_1 = \frac{A}{2} + \sqrt{\frac{A^2}{4} - A}$ $y_2 = \frac{A}{2} - \sqrt{\frac{A^2}{4} - A}$. Das allgemeine Integral ergibt sich nach 3/1) durch eine Quadratur. — Da $y_{1,2}$ Lösung sein soll, so folgt aus den beiden Gleichungen mit $B = \frac{A^2}{4} - A$; $\left(\frac{A}{2} \pm \sqrt{B}\right)' = a\left(\frac{A}{2} \pm \sqrt{B}\right)^2 + b\left(\frac{A}{2} \pm \sqrt{B}\right) + c$ zunächst $(\sqrt{B})' = aA\sqrt{B} + b\sqrt{B}$ oder $B' = 2aAB + 2bB$; ferner folgt $A' = 2a\left(\frac{A^2}{4} + B\right) + bA + 2c$. (1): $\left(\frac{A}{2} - 1\right)A' - 2aA^2\left(\frac{A}{4} - 1\right) - 2bA\left(\frac{A}{4} - 1\right) = 0$ (2): $A' - 2aA \cdot \left(\frac{A}{2} - 1\right) - bA - 2c = 0$; wie man leicht verifiziert, sind (1) und (2) gleichwertig.

(2′) $aA + 2b + c = \frac{d}{dx}(\log A)$ ist also notwendig und hinreichend.

113) y_1 sei eine Partikularlösung. Ansatz für das allgemeine Integral: $y = y_1 + u$ ergibt $u' = (x+1)^2 x^{-3} u^3 + \left(\frac{3(x+1)^2}{x^3} y_1 - \frac{x+1}{x}\right) u^2 + u\left(\frac{3(x+1)^2}{x^3} y_1^2 - \frac{2(x+1)}{x} y_1 + \frac{x^2+3}{3x}\right)$. Das ist eine Bernoullische Gleichung für u, wenn der Koeffizient von u^2 verschwindet: $y_1 = \frac{x^2}{3(x+1)}$; damit y_1 Lösung ist, muß $f = y_1' - \frac{(x+1)^2}{x^3} y_1^3 + \frac{x+1}{x} y_1^2 - \frac{x^2+3}{3x} y_1 = -\frac{x(x^2(x+1) - 9)}{27(x+1)^2}$ sein. Die Bernoullische Gleichung ergibt dann die Lösung $u = \frac{x}{\sqrt{c - 2\log x - 4x - x^2}}$. Das allgemeine Integral der urspr. Gl. ist dann also $y = \pm \frac{x}{\sqrt{c - 2\log x - 4x - x^2}} + \frac{x^2}{3(x+1)}$.

114) Sollen y_1 und y_1^{-1} Lösungen sein, so gilt $y_1' = y_1^2 \cdot a + y_1 Q + a - 2(e^x - e^{-x})^{-1}$; $Q = (e^x + e^{-x})\left[(e^x - e^{-x})^{-1} - a\right]$; $-y_1' = y_1^2(a - 2(e^x - e^{-x})^{-1}) + y_1 Q + a$; $2y_1' = (y_1^2 - 1)2(e^x - e^{-x})^{-1}$;

$\frac{y_1'}{y_1^2 - 1} = \frac{e^x}{e^{2x} - 1}$; also versuchen wir gleich $y_1 = e^x$ und sehen, daß es stimmt. Das allg. Integral ist

$$\frac{y - e^x}{y - e^{-x}} e^{-\int a(x)(e^x - e^{-x})\,dx} = c\,.$$

115) Setzt man $y = \frac{u'}{u}$, so wird $u''' = p(x)\,u$. Die Lösungen dieser linearen Diffgl. sind ganze Funktionen von x, wenn $p(x)$ ein Polynom ist. Im Endlichen sind dann nämlich gewiß keine Singularitäten. Der Punkt $x = \infty$ ist eine einfache wesentliche Singularität.

116) $y_1 = y_2 f(x)$; $y_1^{(i)} = \sum_{k=0}^{i} y_2^{(i-k)} \binom{i}{k} f^{(i)}(x)$, $(i = 1, 2)$

$L(y_1) - fL(y_2) = 2y_2' f' + y_2(f'' + pf') = 0$;

Setze $f'' : f' = \frac{d}{dx}(\log f') = \varphi$. Dann $2y_2' = -\,y_2(\varphi + p)$,

$4y_2'' = y_2[(\varphi + p)^2 - 2(\varphi' + p')]$;

$4y_2^{-1} L(y_2) = 0 = \varphi^2 - p^2 + 4q - 2(\varphi' + p')$.

1) $2p' + p^2 - 4q = 0$. 2) $2p' + p^2 + 4a^2 = 4q$.

3) $2p' + p^2 - 4a^2 = 4q$. 4) $2p' + p^2 + x^{-2} = 4q$.

117) $\frac{dy}{dx} = \frac{dy}{dt} \cdot \varphi'(x)$; $\frac{d^2y}{dx^2} = \frac{d^2y}{dt^2}\varphi'^2(x) + \frac{dy}{dt}\varphi''(x)$;

$$9(1 - x^2)\varphi'^2(x)\frac{d^2y}{dt^2} + (9(1 - x^2)\varphi''(x) - 9x\varphi'(x))\frac{dy}{dt} + y = 0\,.$$

Es muß $9(1 - x^2)\varphi'^2(x) = a$; $9(1 - x^2)\varphi'' - 9x\varphi'(x) = b$ sein. $18(1 - x^2)\varphi'\varphi'' - 18x\varphi'^2 = 0$; $(1 - x^2)\varphi'' - x\varphi' = 0$. Also muß $b = 0$ sein. Mit der zweiten Gleichung ist dann die erste von selbst erfüllt. $\varphi' = c_1 e^{\int \frac{x}{1-x^2}} = c_1(1 - x^2)^{-\frac{1}{2}}$; $\varphi = c_1\int(1 - x^2)^{-\frac{1}{2}}dx + c_2$; $c_1 \neq 0$.

118) $x = \varphi(t)$ habe Umkehrfunktion $t = \psi(x)$. Dann ist: $y' = u'(t)\psi'(x)$, $y'' = u''\psi'^2 + u'\psi''$. Aus:

$$\frac{p_0}{p_2}\psi'^2 u'' + \left(\frac{p_0}{p_2}\psi'' + \frac{p_1}{p_2}\psi'\right)u' + u = 0 \text{ folgt: } \frac{p_0}{p_2}\psi'^2 = c_1\,,$$

$\frac{p_0}{p_2}\psi'' + \frac{p_1}{p_2}c_2$, oder bei Elimination von ψ', ψ'':

$$\left\{\frac{1}{2}\frac{p_0^2}{p_2}\left(\frac{p_2}{p_0}\right)' + p_1\right\}^2 = Cp_0p_2\,.$$

119) Man setzt $u = yz$. Es ist: $u' = y'z + z'y$ (1) und unter Ausnutzung der beiden Diffgl.: $u'' = -(p+q)u + 2y'z'$. Ferner setzt man $2v = u'' + (p+q)u = 2y'z'$ und erhält: $v' = -pyz' - qzy'$ (2), $v'' - 2pqu + (p+q)v = -p'yz' - q'zy'$. Diese Beziehungen liefern drei lineare Gleichungen für yz' und zy'. Man rechnet diese beiden Unbekannten aus $u' = (1)$ und $v' = (2)$ aus und setzt in die letzte ein. Die gesuchte Diffgl. ist also:
$Qu^{(4)} - Q'u''' + 2PQu'' + (3P'Q - 2PQ')u' + (P''Q - Q'P')u = 0$
mit: $P = p + q$, $Q = p - q$.

120) Ist $L(y) = p_0 y^{(n)} + p_1 y^{(n-1)} + \cdots + p_n y = 0$ mit $p_k(x) = a_{k,0} + a_k, x$ und $\overline{L}(y) = \varphi_0 y^{(n)} + \varphi_1 y^{(n-1)} + \cdots + \varphi_n y = 0$, so gilt:

$$\varphi_k(x) = \sum_{\nu=k-1}^{k} (-)^{n-\nu} \binom{n-\nu}{k-\nu} p_\nu^{(k-\nu)}(x) =$$

$$(-)^{n-k} \{ (n-k+1) a_{k-1,1} + a_{k,0} + a_{k,1} x \} = c_{k,0} + c_{k,1} x.$$

121) Aus $\varphi F = \dfrac{d}{dx}\Phi$ folgt $F = rH + K$. Unter F_i soll die Ableitung nach der i-ten Stelle verstanden sein. Es ist $\varphi H = \Phi_3$ $\varphi \cdot K = \Phi_1 + \Phi_2 \cdot p$. $\Phi^*(X, Y, P)$ ist definiert:
$\Phi^* = \Phi(P, PX - Y, X)$. Die Behauptung sagt dann aus:
$\varphi^* H^* = \Phi_1^* + \Phi_2^* \cdot P$, $\varphi^* K^* = \Phi_3^*$. Nun ist:

$$\Phi_3^* = \frac{\partial}{\partial P}\{\Phi(P, PX - Y, X)\} = \Phi_1(P, PX - Y, X) + \Phi_2 \cdot X =$$
$$= (\Phi_1(x, y, p) + \Phi_2(x, y, p)p)^* = (\varphi K)^*,$$

und entsprechend ergibt sich die erste Behauptung.

122) Man setzt $u = y_i y_k$ und bildet u''' (nach der Leibnizschen Formel), wobei man die höheren Ableitungen durch y und y' ersetzt. Dann ergibt sich unmittelbar: $u''' - 4pu' - 2p'u = 0$.

123) Man setze $\chi(x) = 2b\,\mathfrak{Cos}\,(2x) - a$. Aus der Identität:

$$\int_0^x (y_1'' y_2' - y_1' y_2'')dx = -(y_1' y_2 + y_1 y_2')\chi(x)$$

oder:

$$\frac{d}{dx}(y_1' y_2') = -\chi \frac{d}{dx}(y_1 y_2)$$

folgt nach partieller Integration zwischen 0 und x die Behauptung.

123a) $\dfrac{\partial \mu}{\partial x} = \dfrac{\partial}{\partial y}(\mu(a_0 + a_1 y + a_2 y^2))$; $-(g_0 + g_1 y + g_2 y^2)^{-2}$ $(g_0 + g_1' y + g_2' y^2) = (a_1 + 2a_2 y)(g_0 + g_1 y + g_2 y^2)^{-1} - (g_0 + g_1 y + g_2 y^2)^{-2}(g_1 + 2g_2 y)(a_0 + a_1 y + a_2 y^2)$; das muß gelten in x und y.

Also muß sein:

$$g_0' = a_0 g_1 - a_1 g_0, \quad g_1' = 2(a_0 g_2 - a_2 g_0), \quad g_2' = a_1 g_2 - a_2 g_1.$$

124) Im ersten Quadranten ist $(f(x, y+h) - f(x, y)) : h = 0$, wenn $P_1 = (x, y+h)$ $P_2 = (x, y)$ beide im oberen Oktanten liegen. Der Bruch ist gleich 1, wenn beide im unteren Oktanten liegen. Ist $y = x - \delta_1 (\delta_1 > 0)$; $y + h = x + \delta_2 (\delta_2 > 0)$ so ist $(x - y) : h = \delta_1 : (\delta_1 + \delta_2) < 1$. Also ist die Lipschitz-Bedingung erfüllt.

$$y_1 = \frac{2}{3} + \int_0^x f\left(t, \frac{2}{3}\right) dt = \frac{2}{3} + \frac{x^2}{2} \text{ für } x < \frac{2}{3}; \quad y_1 = \frac{2}{3} + \frac{2}{3} x$$

für $x > \frac{2}{3}$. $y_2 = \frac{2}{3} + \int_0^x f(t, y_1(t))\, dt = \frac{2}{3} + \int_0^x t\, dt = \frac{2}{3} + \frac{x^2}{2}$;

$y_3 = \frac{2}{3} + \frac{x^2}{2}$ usw. $y = \frac{2}{3} + \frac{x^2}{2}$.

125) $u_n = y_n - \varepsilon_n \vartheta_n$; $u_n = \int_0^x f(t, u_{n-1} + \varepsilon_{n-1} \vartheta_{n-1})\, dt$;

$$v_n = u_n - u_{n-1}. \quad M \cdot |x| = q < 1 : |v_n| \leqq M \cdot |x| \, (|v_{n-1}|$$
$$+ |\varepsilon_{n-1} \vartheta_{n-1} - \varepsilon_{n-2} \vartheta_{n-2}|) \leqq q \cdot (|v_{n-1}| + |\omega_{n-1}|).$$
$$|v_n| \leqq q^n |v_1| + (q\omega_{n-1} + q^2 \omega_{n-2} + \cdots + q^{n-1} \omega_1).$$

Da der zweite Summand rechts den n-ten Summanden der Reihe $(\Sigma q^\nu)(\Sigma \omega_\nu)$ darstellt, so ist $\Sigma |v_\nu|$ mit $\Sigma |\omega_\nu|$ konvergent. Aus $\omega_n = |(\varepsilon_n - \varepsilon_{n-1}) \vartheta_n + \varepsilon_{n-1} (\vartheta_n - \vartheta_{n-1})|$ folgt die Konvergenz von $\Sigma |\omega_\nu|$ aus der von $\Sigma \varepsilon_\nu$ und der Monotonie der ε_ν.

126) $y_0 = 1$; $y_1 = 1 + \int_0^x 1 dt = 1 + x$; $y_2 = 1 + \int_0^x (1 + t)\, dt$

$= 1 + \frac{x}{1!} + \frac{x^2}{2!}$. Es sei $y_{n-1} = 1 + \frac{x}{1!} \cdots + \frac{x^{n-1}}{(n-1)!}$;

dann ist $y_n = 1 + \int_0^x \left(1 + \frac{t}{1!} \cdots + \frac{t^{n-1}}{(n-1)!}\right) dt = 1 + \frac{x}{1!} \cdots + \frac{x^n}{n!}$;

$$\lim_{n=\infty} y_n = \sum_0^\infty \frac{x^n}{n!} = e^x.$$

127) $f(x, y_1) - f(x, y) = \dfrac{4x^3 y_1 (x^4 + 4y^2) - 4x^3 y (x^4 + 4y_1^2)}{(x^4 + 4y^2)(x^4 + 4y_1^2)}$

$$= \frac{4x^7(y_1 - y) + 16x^3 yy_1(y - y_1)}{(x^4 + 4y^2)(x^4 + 4y_1^2)}; \quad \frac{f(x, y_1) - f(x, y)}{y_1 - y}$$
$$= \frac{4x^3(x^4 - 4yy_1)}{(x^4 + 4y^2)(x^4 + 4y_1^2)}.$$

Man sieht, daß dieser Bruch die Größenordnung x^{-1} haben wird, wenn y und y_1 die Ordnung x^2 haben. Setzen wir $y = ax^2$; $y_1 = bx^2$, so wird der Wert des Bruches $\frac{4(1 - ab)}{x(1 + 4a^2)(1 + 4b^2)}$, bleibt also für $ab \neq 1$ nicht beschränkt in der Nähe des Nullpunktes. In der Tat sind $(x^4 + c^2) - (c - 2y)^2 = 0$ Lösungen durch den Nullpunkt.

128) Da $\frac{d}{dx}(K_1 u' v) = v \frac{d}{dx}(K_1 u') + K_1 u' v' = G_1 uv + K_1 u' v'$;

$$\frac{d}{dx}(K_2 uv') = G_2 uv + K_2 u' v'$$

ist, so folgt aus

$$\frac{d}{dx}\left[\frac{u}{v}(K_1 u' v - K_2 uv')\right] = \frac{u}{v}\frac{d}{dx}(K_1 u' v - K_2 uv') + (K_1 u' v - K_2 uv')\frac{d}{dx}\left(\frac{u}{v}\right)$$

sofort

$$\frac{d}{dx}\left[\quad\right] = (G_1 - G_2) u^2 + (K_1 - K_2) u'^2 + K_2 \left(u' - v'\frac{u}{v}\right)^2$$

(Picone).

129) Man integriert die voranstehende Gleichung zwischen den beiden aufeinanderfolgenden Nullstellen x_1, x_2. Da links Null steht, so ergibt sich nur dann kein Widerspruch aus $v \neq 0$, wenn rechts sich nichts Positives ergibt. Dazu ist nötig, daß in jedem Punkte des Intervalls (x_1, x_2) a) $G_1 = G_2$ b) $K_1 = K_2$ oder $u' = 0$ gilt. Wäre in einem Teilintervall $u' = 0$, also $u =$ konst., so folgt, daß dort $G_1 \equiv 0$, also auch $G_2 \equiv 0$ ist. Sonst blieben nur $G_1 \equiv G_2$, $K_1 \equiv K_2$, wofür ja der Satz inhaltslos ist. Die linke Seite der Piconeschen Identität ergibt beim Integrieren auch dann Null, wenn v in x_1 oder x_2 verschwindet, weil $\frac{u}{v}$ dann dort gegen $\frac{u'}{v'}$ konvergiert ($v' \neq 0$, da sonst $v \equiv 0$). Also wird v im Innern von (x_1, x_2) Null.

130) Es braucht nur bewiesen zu werden, daß zwischen a und der ersten Nullstelle x_1 von u im Innern von (a, b) eine Nullstelle v liegt. Das weitere folgt aus Aufg. 129. Ist $u(a) = \alpha_1 = 0$, so folgt aus Aufg. 129 die Behauptung. Sei also $\alpha_1 \neq 0$ und $v \neq 0$ in (a, x_1). Integration der Piconeschen Formel zwischen a und x_1 ergibt rechts etwas Positives, links die Größe

$$-u^2(a)\left(\frac{K_1(a)\,\alpha_1'}{\alpha_1} - K_2(a)\frac{\alpha_2'}{\alpha_2}\right),$$

die Null oder negativ ist.

131) Die letzte der Nullstellen von u und v vor c muß nach 130) eine Nullstelle von u sein: x_i. Integration der Picone-Formel zwischen x_i und c ergibt Behauptung. Ist gar keine Nullstelle da, so tritt a an die Stelle von x_i.

132) Das allgem. Integral von $L(y) = 0$ lautet $y = \int\limits_0^x\int\limits_0^u \frac{c_1 + c_2 t}{K(t)}\,dt\,du$ $+ c_3 + c_4 x$. Wir suchen zwei Integrale y_1, y_2, so daß y_1 die Randbed. in 0, y_2 die Randbed. in 1 erfüllt. Außerdem soll für $x = \xi$ $y_1 = y_2$, $y_1' = y_2'$, $y_1'' = y_2''$, dagegen $y_2''' - y_1''' = -1$ sein. Dann sind für jedes y die vier Größen $c_1, \ldots, c_4$ bestimmt und es ist $G(x, \xi) = y_1$ für $0 \leqq x \leqq \xi$, $G = y_2$ für $\xi \leqq x \leqq 1$. Resultat:

$$G(x, \xi) = -\frac{1}{4}\int\limits_0^1 \frac{|x-t|\,|\xi-t|}{K(t)}\,dt + \frac{\gamma}{4(\alpha\gamma-\beta^2)}\,\varphi(\xi)\,\varphi(x)$$

$$+ \frac{\alpha}{4(\alpha\gamma-\beta^2)}\,\psi(\xi)\,\psi(x) - \frac{\beta}{4(\alpha\gamma-\beta^2)}\,[\psi(\xi)\,\varphi(x) + \varphi(\xi)\,\psi(x)],$$

wobei $\varphi(x) = \int\limits_0^1 |x-t|\,\frac{dt}{K(t)}$, $\psi(x) = \int\limits_0^1 |x-t|\,\frac{t\,dt}{K(t)}$,

$$\alpha = \int\limits_0^1 \frac{dt}{K(t)}, \quad \beta = \int\limits_0^1 \frac{t\,dt}{K}, \quad \gamma = \int\limits_0^1 \frac{t^2\,dt}{K}.$$

Kapitel III. Aufgaben zu den partiellen Differentialgleichungen

Zur Theorie der partiellen Differentialgleichungen wird auf das Göschen-Bändchen Nr. 1003 (2. oder 3. Aufl.) verwiesen.

I. Pfaffsche Gleichungen

1) $(2yx - yz)dx + (2yz - xy)dz - (x^2 - xz + z^2)\,dy = 0.$
2) $(y + z)\,dx + (z + x)\,dy + (x + y)\,dz = 0.$
3) $2x^3\,dx + z\,dy + (y + 2z)\,dz = 0.$
4) $2xz^3\,dy + z^3y\,dx - 3z^2xy\,(1 + z^3)\,dz = 0.$
5) $dx + dy + (2z^2 + 2zx + 2zy + 1)\,dz = 0.$
6) $(2xz^2 + x^2 + yz)\,dx - z(z^2 + x)\,dy + (z^2y - 2zx^2 - xy)\,dz = 0.$
7) $(z + \sin y)\,z \sin y \cos x\,dx + (z + \sin x)\,z \sin x \cos y\,dy + (\sin x + \sin y) \sin x \sin y\,dz = 0.$
8) Q so zu wählen, daß $\left(\frac{y}{x} + \frac{z}{y}\right)dx + Q\,dy + \frac{x}{y}\,dz$ ein totales Differential ist.

II. Allgemeine partielle Differentialgleichungen erster Ordnung mit zwei unabhängigen Variablen

9) $f \equiv 4pq - 1 = 0.$
10) $2z - px + qy + q^2 = 0.$
11) $pq = z^2$; Anf.-Kurve: $x = 1, z = \frac{1}{y}.$
12) $f \equiv p^2 + q^2 - 2px - 2qy + 1 = 0.$
13) $p^2 + q^2 = x + y.$
14) $p^2 - q^2 = 2z$; Anf.-Kurve: $x = 0,\ z = (1 + y)^2.$
15) $pq = p + q.$
16) $pxy + 2pq + qy - yz = 0$ Anf.-Kurve: $x = 0, z = e^{2y}.$

Bei den angegebenen Lösungen ist immer zu beachten, daß es ∞^ω vollständige Integrale einer Diffgl. gibt. (Je ∞^2 nichtsinguläre Lösungen bilden immer ein vollständiges Integral.)

Ein von dem hier angegebenen wesentlich verschiedenes vollständiges Integral kann genau so richtig sein.

III. Integrable Gleichungen in n Veränderlichen

17) $p_1^2 + p_2 p_3 + 2x_4 p_4(p_2 + p_3) = 0.$

18) $(x_1 + x_2)(p_1 + p_2)^2 - x_3 p_3 p_4 = 0.$

19) $(z + p_2)^2 = p_1^2 + p_2^2 + p_3^2.$

20) $f \equiv (x_2 p_1 + x_1 p_2) x_3 + p_3(p_1 - p_2)[p_4^2 + (p_5 + x_4) \cdot (p_5 + x_6) p_6] - k = 0.$

IV. Systeme von partiellen Differentialgleichungen

21) $X_1 \equiv p_1 x_3 p_3 - x_4 p_4 x_5 p_5 = 0;\ X_2 \equiv 2p_1 - p_2 = 0.$

22) Auf systematischem Wege ist das allgemeine Integral zu finden:

$$X_1 \equiv x_4 p + x_3 p_2 - x_2 p_3 - x_1 p_4 = 0,$$
$$X_2 \equiv x_3 p_1 + x_4 p_2 - x_1 p_3 - x_2 p_4 = 0.$$

23) $X_1 \equiv p_1^2 + p_3^2 + x_2 + 2x_1^3 + 3x_3^3;\ X_2 \equiv p_2 + 2p_4 x_4^2 - p_4^2.$

24)
$$X_1 \equiv p_1 x_1 + p_2 x_2 - p_3 x_3 - p_4 x_4 + p_5 x_5 = 0;$$
$$X_2 \equiv p_2^4 x_3^3 x_5^2 - p_1 x_4^4 (p_1 x_1 - p_3 x_3)^2 = 0,$$
$$X_3 \equiv (p_4 x_4 - p_2 x_2)(p_1 x_1 - p_3 x_3 + x_3 x_5^2 p_2) - x_5^2 x_3 p_2 = 0.$$

Man prüfe Unabhängigkeit und Vollständigkeit des Systems.

V. Mongesche Gleichungen

25) Bei einer Berührungstransformation geht eine Mongesche Gleichung wieder in eine solche über.

26) Ist u eine Lösung von P. D. (4, 15), v eine solche von (4, 16), so gilt (x, y, z, p, q statt x_1, x_2, x_3, x_4, x_5 geschrieben) immer $[u, v] = 0$.

Im Falle einer Doppelwurzel gilt also für irgend zwei Lösungen u, v von (4, 15): $[u, v] = 0$.

Daraus kann man nun sofort aus der Existenz zweier verschiedener Lösungen u, v auf die Existenz einer dritten schließen, womit die Unmöglichkeit eines P. D. 98 erwähnten Falles erwiesen ist. In der Tat: Zu u, v lassen sich drei weitere Funktionen $w, \pi, \varkappa$ finden, so daß $X = u$, $Y = v$, $Z = w$, $P = \pi$, $Q = \varkappa$ eine B. Tr. ist. Dann ist auch π, $\varkappa$, $w - \pi u - \varkappa v$, u, v eine B. Tr. Diese führt die Mongesche Gleichung in eine ebensolche über. Das zu dieser neuen Gleichung gehörende System (4, 15) hat die Lösungen u, v, d. h. X_4, X_5; daraus folgt für die Transformierte $\alpha = \beta = \gamma = 0$. (Wegen $\sigma = 0$ folgt $\lambda\mu = 0$, d. h. $\mu = 0$. $rt - s^2 = 0$ ist also die Transformierte.)

Dann ist aber das transformierte System in Involution und hat daher drei verschiedene Lösungen. Also hat auch das ursprüngliche System drei Lösungen.

27) Es sei $\sigma = 0$ und das System (4, 15) lasse nur eine Lösung u zu. Dann läßt sich die Gleichung (4, 12) durch eine Ber. Tr. in die Gestalt setzen $r + \mu(x, y, z, p, q) = 0$.

28) Es sei $\sigma \neq 0$. Läßt jedes der Systeme (4, 15), (4, 16) wenigstens eine Lösung zu, so ist die Gleichung (4, 12) durch eine Ber. Tr. in die Gestalt $s + \mu(x, y, z, p, q) = 0$ zu bringen.

29) $(q + 1)s - (p + 1)t = 0$.

30) $xqr + pyt + xy(rt - s^2) + pq = 0$.

Lösungen

1) $$dx + \frac{2uv - u}{2u - uv}\, d(xv) - \frac{1 - v + v^2}{2u - uv}\, d(xu) = 0\,,$$

$$\frac{dx}{x} + \frac{\dfrac{2v-1}{2-v}\, dv - \dfrac{1-v+v^2}{2-v}\dfrac{du}{u}}{1 + v\,\dfrac{2v-1}{2-v} - \dfrac{1-v+v^2}{2-v}} = 0\,,$$

$$\frac{dx}{x} + \frac{x\,(2v-1)\,dv - (1-v+v^2)\,du}{u(1-v+v^2)}$$
$$= d\log x + d\log\{u(1-v+v^2)\} = 0\,.$$
$$y(x^2 - xz + z^2) - cx^2 = 0\,.$$

2) Homog. Gl.: $(u+v)\,dx + (v+1)\,d(ux) + (1+u)\,d(vx) = 0$,

$$x^{-1}dx + \frac{1}{2}\,\frac{(v+1)\,du + (u+1)\,dv}{u+v+uv} = 0,$$

$$x^2(u+v+uv) = c;\quad xy + xz + yz = c.$$

3) (erste Methode) $z\,dy + (y+2z)\,dz = 0$; $F = yz + z^2 = C(x)$; $F_y = z$, also $\lambda = z^{-1}\cdot z = 1$. $dF + (2x^3 - 0)\,dx = 0$ $2F + x^4 = c$. $x^4 + 2yz + 2z^2 = c$.

4) Man sieht sofort, daß Division mit xyz^3 die Variablen trennt.

$$2\frac{dy}{y} + \frac{dx}{x} - 3\,\frac{1+z^3}{z}\,dz = 0;\quad \log(xy^2z^{-3}) - z^3 = \bar{c};\quad xy^2 = cz^3 e^{z^3}.$$

5) $x + y = u$: $\dfrac{du}{dz} = 2zu + 2z^2 + 1 = 0$; $u = ce^{-z^2} - z$

$$(x+y+z)\,e^{z^2} = c.$$

6) (zweite Methode) $\dfrac{dx}{-4z^2} = \dfrac{dy}{-8xz - 2y} = \dfrac{dz}{z+z}$

$2z\,dz + dx = 0$; $u = z^2 + x = c_1$; $z\,dy + y\,dz + 4xz\,dz = 0$; $d(yz) - (z^2 - c_1)\,4z\,dz = 0$; $yz - z^4 + 2c_1z^2 = c_2$; $\bar{v} = yz + z^4 + 2xz^2 = \bar{c}_2$; das ist noch zu kompliziert. Es gibt eine einfachere Integralfunktion. $\bar{v} = yz + c_1^2 - x^2 = \bar{c}_2$; $v = yz - x^2 = c_2$: $u = x + z^2$; $v = yz - x^2$; $w = z$ ist die Transformation, die wir auf die Gleichung ausüben. $x = u - w^2$; $y = (v + (u-w^2)^2)\,w^{-1}$; $z = w$. $(2(u-w^2)\,u + v)\,(du - 2w\,dw) - u\,(dv + 2(u-w^2)\,(du - 2w\,dw)) + wuw^{-2}\,(v + (u-w^2)^2)\,dw + (2wv - uw^{-1}\,(v + (u-w^2)^2)\,dw$. Der Koeffizient von dw muß Null sein, gemäß der allgemeinen Theorie. Es bleibt $v\,du - u\,dv = 0$; $u = cv$, $z^2 + x - c(yz - x^2) = 0$.

7) Es erscheint zweckmäßig, $\sin x = \xi$, $\sin y = \eta$ zu setzen $(z+\eta)\,z\eta\,d\xi + (z+\xi)\,z\xi\,d\eta + (\xi+\eta)\,\xi\eta\,dz = 0$.

Das ist eine homogene Gleichung.

$$(v+u)\,uv\,d\xi + (v+1)\,vd(\xi u) + (1+u)\,ud(\xi v) = 0,$$

$$2\frac{d\xi}{\xi} + \frac{v(v+1)\,du + u(u+1)\,dv}{uv(u+v+1)} = d\left\{\log\left(\xi^2\,\frac{uv}{u+v+1}\right)\right\} = 0;$$

$\xi\eta z = c(\eta + \xi + z)$.

Das ist noch auf (x, y, z) umzuschreiben.

8) Es muß sein $\dfrac{\partial Q}{\partial x} = \dfrac{\partial}{\partial y}\left(\dfrac{y}{x} + \dfrac{z}{y}\right)$; $\dfrac{\partial Q}{\partial z} = \dfrac{\partial}{\partial y}\left(\dfrac{x}{y}\right)$; $\dfrac{\partial Q}{\partial x} = \dfrac{1}{x} - \dfrac{z}{y^2}$; $\dfrac{\partial Q}{\partial z} = -\dfrac{x}{y^2}$; $Q = \log x - \dfrac{zx}{y^2} + \omega'(y)$; ω' willkürlich. Der Differentialausdruck ist gleich $d\left(\log x + \dfrac{zx}{y} + \omega(y)\right)$.

9) $4p = q^{-1}$; Trennung der Variablen. $4p = a$; $q = \frac{1}{a}$

$z = \frac{a}{4} x + \frac{1}{a} y \quad b$

10) $\frac{dx}{-x} = \frac{dy}{y + 2q} = \frac{dz}{-px + qy + 2q^2} = \frac{-dp}{-p + 2p}$

$= \frac{-dq}{q + 2q}$; $\frac{dx}{x} = \frac{dp}{p}$; $g \equiv xp^{-1} = a$. $\frac{dy}{y + 2q} + \frac{dq}{3q} = 0$,

$\frac{dy}{dq} + \frac{y}{3q} + \frac{2}{3} = 0$; $y = cq^{-\frac{1}{3}} - \frac{1}{2} q$; $h \equiv (2y + q)\, q^{+\frac{1}{3}} = b$.

Da $[h, g] = 0$ ist, brauchen wir nur p, q, z aus den drei Gleichungen $f = 0$, $g = a$, $h = b$ auszurechnen. Da sich q nicht bequem ausrechnen läßt, verfahren wir lieber so:

$p = \frac{x}{a}$; α) $y = \frac{1}{2}(bq^{-\frac{1}{3}} - q)$; β) $2z = \frac{x^2}{a} - \frac{1}{2} q\,(bq^{-\frac{1}{3}} - q) + q^2$;

α), β) ergeben ein vollständiges Integral in Parameterdarstellung. (x, q sind die Parameter).

11) $\frac{p}{z} \cdot \frac{q}{z} = 1$ legt die Transformation $u = \log z$ nahe, wir setzen $u = \frac{1}{2} \log z$ und schreiben wieder p und q für u_x und u_y. Es ist $4pq = 1$. Das Resultat der ersten Aufgabe liefert $V = u - \frac{a}{4} x - \frac{1}{a} y - b = 0$; Auf Kurve: $x = 1$, $y = \tau$, $u = -\frac{1}{2} \log \tau$.

Anf.-Streifen: $q = -\frac{1}{2\tau}$; $p = -\frac{\tau}{2}$. $V^0 = -\frac{1}{2} \log \tau - \frac{a_0}{4} - \frac{\tau}{a_0} - b_0 = 0$; $V_y^0 + V_u^0 q^0 = -\frac{1}{a_0} - \frac{1}{2\tau} = 0$; $a_0 = -2\tau$; $b_0 = -\frac{1}{2} \log \tau + \frac{\tau}{2} + \frac{1}{2}$; $V_a^0 + V_b^0 c_0 = 0 : c_0 = \frac{1}{4} \tau^{-1} - \frac{1}{4}$. Charakteristiken:

$V = u + \frac{\tau}{2} x + \frac{y}{2\tau} - b_0 = 0$; $V_a + V_b \; c_0 = -\frac{x}{4} + \frac{y}{a_0^2} + \frac{1}{4} - \frac{1}{4} \tau^{-1} = 0$, $y = x\tau^2 - \tau^2 + \tau$; $u = -\frac{\tau}{2} x - \frac{\tau x}{2} + \frac{\tau}{2} - \frac{1}{2} + b_0$.

Fläche: $x = t + 1$, $y = t\tau^2 + \tau$; $u = -t\tau - \frac{1}{2} \log \tau$.

12) $\frac{dx}{2p-2x} = \frac{dy}{2q-2y} = \frac{dz}{2(p^2+q^2)-2px-2qy} = \frac{-dp}{-2p}$ $= \frac{-dq}{-2q}$; $p = aq$; $\frac{dx}{p-x} = \frac{dp}{p}$; $\frac{dx}{dp} = -\frac{x}{p} + 1$; $x = b\ \ p^{-1} + \frac{p}{2}$ $\frac{dy}{q-y} = \frac{dq}{q}$; $y = cq^{-1} + \frac{q}{2}$; da uns nur die Integralcharakteristiken interessierer, können wir die Relation $f = 0$ in unserem System benutzen. $\frac{dz}{p^2+q^2+f-1} = \frac{dq}{2q}$; $\frac{dz}{q^2(a^2+1)-1} = \frac{dq}{2q}$ $z = \frac{a^2+1}{4} q^2 - \frac{1}{2}\log q + e$.

Mit q als Veränderlicher können wir die Integralcharakteristiken aufschreiben;

$x = \frac{b}{a} q^{-1} + \frac{aq}{2}$; $y = cq^{-1} + \frac{q}{2}$; $z = \frac{a^2+1}{4} q^2 - \frac{1}{2}\log q + e$; $p = aq$. Damit das Integralcharakteristiken ($f = 0$!) sind, muß $b + c = \frac{1}{2}$ sein. $x = \frac{b}{a} q^{-1} + \frac{aq}{2}$; $y = -bq^{-1} + \frac{1}{2q} + \frac{q}{2}$; $z = \frac{a^2+1}{4} q^2$ $- \frac{1}{2}\log q + e$; $p = aq$ sind die ∞^3 Integralcharakteristiken.

13) $\frac{dx}{2p} = \frac{dy}{2q} = \frac{dz}{2(p^2+q^2)} = \frac{-dp}{-1} = \frac{-dq}{-1}$; $p - q = a$; $dx - 2p\,dp = 0$, $x - p^2 = b$; $y - q^2 = c$, $p = \sqrt{x-b}$; $y = q^2 + c$ $= (p-a)^2 + c = x - b - 2a\sqrt{x-b} + a^2 + c$, $q = \sqrt{x-b} - a$; es bleibt noch z als Funktion von x zu bestimmen; dann haben wir die Charakteristiken. $dz = 2(p^2+q^2)\,dp = 2(2p^2 - 2pa + a^2)\,dp$ $z = \frac{4}{3}(x-b)^{3/2} - 2ax + 2a^2\sqrt{x-b} + e$. Damit das Integralcharakteristiken sind, muß $b + c = 0$ sein.

14) $\frac{dx}{2p} = \frac{dy}{-2q} = \frac{dz}{2(p^2-q^2)} = \frac{-dp}{-2p} = \frac{-dq}{-2q}$; $p = aq$;

$x + p = b$, $y + q = c$; $\frac{dz}{2(p^2-q^2)} = \frac{dz}{4z} = \frac{dp}{2p}$; $p^2 z^{-1} = e$;

$y = \frac{x-b}{a} + c$; $z = \frac{1}{e}(x-b)^2$; $p = b - x$; $q = \frac{1}{a}(b-x)$.

Damit das Integralcharakteristiken sind, muß $\frac{2}{e} = 1 - \frac{1}{a^2}$ sein.

$$y = \frac{x-b}{a} + c;\quad z = \frac{a^2-1}{2a^2}(x-b)^2;\quad p = b - x;\quad q = \frac{1}{a}(b-x)$$

$x^0 = 0$, $y^0 = \tau$, $z^0 = (1+\tau)^2$; $q^0 = 2(1+\tau)$; $p^0 = (1+\tau)\sqrt{6}$. Wir haben diejenige Charakteristik zu finden, die für $x = 0$ in die Werte $x^0, \ldots, p^0$ übergeht. $-\frac{b}{a} + c = \tau$; $\frac{(-1+a^2)b^2}{2a^2} = (\tau+1)^2$;

$$b = (1+\tau)\sqrt{6};\quad \frac{b}{a} = 2(1+\tau);\quad \text{also } a = \frac{\sqrt{6}}{2} = \sqrt{\frac{3}{2}};\quad c = 3\tau + 2.$$

Fläche: $y = \sqrt{\frac{2}{3}}(x - (\tau+1)\sqrt{6}) + 3\tau + 2$; $z = \frac{1}{6}(x - \sqrt{6}(\tau+1))^2$;

τ durch x und y ausgedrückt: $z = \left(-x\sqrt{\frac{3}{2}} + y + 1\right)^2$.

15) P. D. 36: $p = a, q = \frac{a}{a-1}$;

$$V = z - ax - \frac{a}{a-1}y - b = 0.$$

Hieraus kann man die Integralcharakteristiken finden. Es lassen sich aber auch direkt die Charakteristiken finden

$$\frac{dx}{q-1} = \frac{dy}{p-1} = \frac{dz}{2pq-p-q} = \frac{dp}{0} = \frac{dq}{0};\ 1)\ p = a,\ 2)\ q = b;$$

$$dy = \frac{a-1}{b-1}dx,\ 3)\ y = \frac{a-1}{b-1}x + c;\ dz = \frac{(2ab-a-b)}{b-1}dx;$$

$4)\ z = \frac{2ab-a-b}{b-1}x + e$. Integralcharakteristik für $b = \frac{a}{a-1}$,

$$y = (a-1)^2 x + c;\ z = a^2 x + e;\ p = a;\ q = \frac{a}{a-1}.$$

16) $\frac{dx}{xy+2q} = \frac{dy}{2p+y} = \frac{dz}{4pq+pxy+qy} = \frac{-dp}{py-yp}$

$= \frac{-dq}{px+q-yq-z}$; $p = a$; $q = \frac{yz-axy}{2a+y}$. Daraus läßt sich vollständiges Integral in der üblichen Weise finden:

$$u = ax + b;\quad \frac{\partial z}{\partial y} = \frac{yz-axy}{2a+y};\quad z = be^y(y+2a)^{-2a} + ax.$$

(Es ist $z_{y=0} = (2a)^{-2a} \cdot b + ax$, also nicht direkt gleich $b + ax$. Aber die Bezeichnung der Konstanten spielt ja nur eine untergeordnete Rolle.)

$V = z - ax - be^y(y + 2a)^{-2a} = 0;\ x^0 = 0;\ y^0 = \tau,\ z^0 = e^{2\tau};$

$$q^0 = 2e^{2\tau},\ p^0 = \frac{\tau e^{2\tau} - 2e^{2\tau}\tau}{4e^{2\tau}} = \frac{-\tau}{4}.$$

$V^0 = e^{2\tau} - b_0 e^\tau(\tau + 2a_0)^{-2a_0} = 0;\ V_x^0 + V_z^0 p^0 = -a_0 + p^0 = 0;$

$$a_0 = -\frac{\tau}{4}.\quad b_0 = e^\tau\left(\frac{\tau}{2}\right)^{-\frac{\tau}{2}}.$$

$V_a^0 + V_b^0 \cdot c_0 = 0;\ -b_0 e^\tau(\tau + 2a_0)^{-2a_0}\left(-2\log(\tau + 2a_0) - \frac{4a_0}{\tau + 2a_0}\right)$ $- e^\tau(\tau + 2a_0)^{-2a_0} c_0 = 0 \quad c_0 = -b_0\left(-2\log\frac{\tau}{2} + 2\right)$; Charakteristiken: $z - a_0 x - b_0 e^y(y + 2a_0)^{-2a_0} = 0 \quad V_a + V_b \ c_0 = -x$ $- b_0 e_y(y + 2a_0)^{-2a_0}\left(-2\log(y + 2a_0) - \frac{4a_0}{y + 2a_0}\right) - e^y(y + 2a_0)^{-2a_0}$ $c_0 = 0$. Gesuchte Integralfläche:

$$x = e^y\left(y - \frac{\tau}{2}\right)^{\frac{\tau}{2}} b_0\left[-2\log\frac{\tau}{2} + 2 + 2\log\left(y - \frac{\tau}{2}\right) - \frac{\tau}{y - \frac{\tau}{2}}\right];$$

$$y = y;\ z = -\frac{\tau x}{4} + b_0 e^y\left(y - \frac{\tau}{2}\right)^{\frac{\tau}{2}}.\ \left(b_0 = e^\tau\left(\frac{\tau}{2}\right)^{-\frac{\tau}{2}}\right)$$

17) $X_1 \equiv p_1 = a_1;\ X_2 \equiv p_2 = a_2;\ X_3 \equiv p_3 = a_3;$
$2p_4 x_4 = -(a_1^2 + a_2 a_3)(a_2 + a_3)^{-1};\ z = a_1 x_1 + a_2 x_2 + a_3 x_3$ $- \frac{a_1^2 + a_2 a_3}{2(a_2 + a_3)}\log x_4 + a_4.$

18) x_4 kommt nicht vor; daher $X_1 \equiv p_4 = a_1;\ X_2 \equiv x_3 p_3 = a_2;$ $X_3 \equiv p_1 - p_2 = a_3;\ p_1 + p_2 = \sqrt{\frac{a_1 a_2}{x_1 + x_2}};\quad p_1 = \frac{1}{2}(a_3 + \sqrt{\ });$ $p_2 = -\frac{1}{2}(a_3 - \sqrt{\ }) \quad z = \frac{1}{2}a_3 x_1 - \frac{1}{2}a_3 x_2$ $+ \sqrt{a_1 a_2(x_1 + x_2)} + a_2 \log x_3 + a_1 x_4 + a_4.$

19) Die unbekannte Funktion zu entfernen, ist vielfach ratsam. $u(x_1, x_2, x_3, z) = 0$ sei eine Lösung. $z = x_4$. $u_{x_\nu} = \tilde{p}_\nu$.
$f \equiv (\tilde{p}_4 x_4 - \tilde{p}_2)^2 - (\tilde{p}_1^2 + \tilde{p}_2^2 + \tilde{p}_3^2) = 0;\ X_1 \equiv \tilde{p}_1, X_2 \equiv \tilde{p}_2, X_3 \equiv \tilde{p}_3$ liegen offenbar mit f und untereinander in Involution. $\tilde{p}_1 = a_1$, $\tilde{p}_2 = a_2, \tilde{p}_3 = a_3, p_4 = x_4^{-1}(a_2 \pm \sqrt{a_1^2 + a_2^2 + a_3^2})$ ergibt $u = a_1 x_1$

$+ a_2 x_2 + a_3 x_3 + (a_2 \pm \sqrt{}) \log x_4 + B$. $u = 0$ ist das vollständige Integral.

20) $f^* = f p_3^{-1} (p_1 - p_2)^{-1} = f_1 + f_2$, wobei f_1 nur die Variablengruppe 1, 2, 3, f_2 nur 4, 5, 6 enthält. Tr. d. Var. liefert sofort: $X_2 \equiv (p_1 - p_2)^{-1}(x_2 p_1 + x_1 p_2)$; $X_3 \equiv p_3^{-1} \cdot x_3$; $X_4 \equiv p_5$, $X_5 \equiv (p_5 + x_6) p_6$; $X_6 \equiv p_4^2 (x_4 + p_5)^{-1}$. Aus $f = 0$, $X_\nu = a_\nu$ ergibt sich $p_6 = a_5 (x_6 + a_4)^{-1}$; $p_5 = a_4$; $p_4 = \sqrt{a_6(a_4 + x_4)}$; $p_3 = x_3 a_3^{-1}$; für p_1 und p_2 folgt aus $x_2 p_1 + x_1 p_2 = a_2(p_1 - p_2)$ und $(p_1 - p_2) a_2 x_3 + x_3 a_3^{-1} \cdot (p_1 - p_2) [a_6(x_4 + a_4) + a_5(x_4 + a_4)] = k$, wenn $p_1 - p_2 = k x_3^{-1}(a_2 + a_3^{-1} (a_5 + a_6) (a_4 + x_4))^{-1} = g$ gesetzt wird, $p_1 = (x_1 + x_2)^{-1} \cdot (a_2 + x_1) g$; $p_2 = (x_1 + x_2)^{-1} (a_2 - x_2) g$.

21) $(X_1, X_2) = 0$. $X_3 \equiv p_1$; $X_4 \equiv x_3 p_3$; $X_5 \equiv x_4 p_4$;
$z = a_1 x_1 + 2 a_1 x_2 + a_2 \log x_3 + a_3 \log x_4 + a_1 a_2 a_3^{-1} \log x_5 + B$.

22) $(X_1, X_2) = - x_4 p_3 + p_4 x_3 - x_3 p_4 + x_4 p_3 - x_2 p_1 + p_2 x_1 - x_1 p_2 + x_2 p_1 = 0$. Mayer-Transf. $x_1 = y_1$; $x_2 = y_1 y_2$.

$$Y_1 \equiv x_4\left(\tilde{p}_1 - \frac{\tilde{p}_2}{y_1} y_2\right) + x_3 \frac{\tilde{p}_2}{y_1} - y_1 y_2 p_3 - y_1 p_4 = 0;$$

$$Y_2 \equiv x_3\left(\tilde{p}_1 - \frac{\tilde{p}_2}{y_1} y_2\right) + x_4 \frac{\tilde{p}_2}{y_1} - y_1 p_3 - y_1 y_2 p_4 = 0; \; (x_4 - x_3 y_2) Y_1$$

$- (x_3 - x_4 y_2) Y_2 = (x_4^2 - x_3^2) \tilde{p}_1 - y_1 p_3 (y_2 (x_4 - x_3 y_2) - (x_3 - x_4 y_2)) - y_1 p_4 ((x_4 - x_3 y_2) - y_2(x_3 - y_2 x_4)) = 0$.

$$\frac{dy_1}{x_4^2 - x_3^2} = \frac{-dx_3}{y_1(2 y_2 x_4 - x_3(1 + y_2^2))} = \frac{-dx_4}{y_1(x_4(1 + y_2^2) - 2 y_2 x_3)} (= dt)$$

$(x_3\, dx_4 + x_4\, dx_3) = - y_1 2 y_2 (x_4^2 - x_3^2)\, dt = - 2 y_1 y_2\, dy_1$;
$u_1 \equiv x_3 x_4 + y_2 y_1^2 (= a_1)$ $x_3\, dx_3 + x_4\, dx_4 = - y_1 (x_4^2 - x_3^2)(1 + y_2^2)\, dt = - y_1 (1 + y_2^2)\, dy_1$; $u_2 \equiv x_3^2 + x_4^2 + y_1^2 (1 + y_2^2) (= a_2)$.
$u = w(u_1, u_2)$ ist das allgemeine Integral. In den x geschrieben:
$u = w(x_1 x_2 + x_3 x_4,\; x_1^2 + x_2^2 + x_3^2 + x_4^2)$.

23) $(X_1, X_2) = -1$. Das System kann also keine Lösung haben.

24) X_1, X_2, X_3 sind unabhängig, wie man an dem Nichtauftreten von p_4 bzw. p_5 in X_2 bzw. X_3 erkennt. Zur Berechnung der Klammergrößen machen wir von der Identität $(f(u), v) = f'(u)(u, v)$ öfters Gebrauch. Die Abhängigkeit zu zeigen, begnügen wir uns (der Kürze halber), alle Vielfachen von X_ν einfach wegzulassen, also in Kongruenzen mod X_ν zu rechnen.
$(X_1, X_3) = - x_3 (p_4 x_4 - p_2 x_2) x_5^2 p_2 + x_3 x_5^2 p_2 + (p_4 x_4 - p_2 x_2)$
$(p_2 x_2 - p_4 x_4,\; x_5^2 x_3 p_2) - (p_2 x_2 - p_4 x_4,\; x_5^2 x_3 p_2) + x_5 (2 x_5 x_3 p_2 (p_4 x_4 - p_2 x_2) - 2 x_5 x_3 p_2) = 0$
$(X_1, X_2) = (X_1, p_2^4 x_3^3 x_5^2) - (p_1 x_1 - p_3 x_3)^2 (X_1, p_1 x_4^4) = x_3^3 x_5^2 4 p_2^3 \cdot$
$(p_2 x_2, p_2) - p_2^4 x_5^2 3 x_3^2 (p_3 x_3, x_3) + p_2^4 x_3^3 2 x_5 (p_5 x_5, x_5)$

$+ (p_1 x_1 - p_3 x_3)^2 x_4^4 p_1 + (p_1 x_1 - p_3 x_3)^2 p_1 4 x_4^3 x_4 = - 5 p_2^4 x_3^3 x_5^2$ $+ 5 p_1 x_4^4 (p_1 x_1 - p_3 x_3)^2 = - 5 X_2.$

$(X_2, X_3) = (p_2^4 x_3^3 x_5^2, X_3) - (p_1 x_1 - p_3 x_3)^2 (p_1 x_4^4, X_3) - p_1 x_4^4$ $((p_1 x_1 - p_3 x_3)^2, x_3) x_5^2 p_2 (p_4 x_4 - p_2 x_2 - 1) = 4 p_2^3 x_3^3 x_5^2 (p_2, X_3)$ $+ 3 x_3^2 p_2^4 x_5^2 (x_3, X_3) - (p_1 x_1 - p_3 x_3)^2 x_4^4 (p_1, X_3) - 4 (p_1 x_1 - p_3 x_3)^2$ $x_4^3 p_1 (x_4, X_3) + 2 p_1 x_4^4 (p_1 x_1 - p_3 x_3) x_3 x_5^2 p_2 (p_4 x_4 - p_2 x_2 - 1)$ $= - 4 p_2^4 x_3^3 x_5^2 (p_1 x_1 - p_3 x_3 + x_3 x_5^2 p_2) + 4 (p_1 x_1 - p_3 x_3)^2 x_4^4 p_1 (p_1 x_1$ $- p_3 x_3 + x_3 x_5^2 p_2) + 3 x_3^3 p_2^4 x_5^2 (p_4 x_4 - p_2 x_2) - (p_1 x_1 - p_3 x_3)^2 p_1 x_4^4$ $(p_4 x_4 - p_2 x_2) + 2 p_1 x_4^4 (p_1 x_1 - p_3 x_3) (X_3 - (p_1 x_1 - p_3 x_3) (p_4 x_4$ $- p_2 x_2)) \equiv (p_4 x_4 - p_2 x_2) [3 x_3^3 p_2^4 x_5^2 - p_1 x_4^4 (p_1 x_1 - p_3 x_3)^2 - 2 p_1 x_4^4$ $(p_1 x_1 - p_3 x_3)^2] \bmod X_\nu \equiv 0 \bmod X_\nu$. — Das System ist also vollständig. Die Integration wird auf dem systematischen Wege zu langwierig, um hier ausgeführt zu werden. Als vollständiges Integral ergibt sich

$$z = a_1^2 x_1 x_3 + a_1 a_2 x_2 x_4 - a_1 a_2^2 x_3 x_5 + \log (a_2 + x_4 x_5) + B.$$

Eher kommt man zu diesem Resultat, wenn man sieht, daß $X_4 \equiv p_1 x_3^{-1}$ zu $p_1 x_1 - p_3 x_3$, d. h. zu X_1 und X_3, aber auch zu X_2 in Involution liegt. Entsprechend sieht man, daß $p_2 x_4^{-1} \equiv X_5$ in Involution liegt zu X_1, X_2, X_3. Aus $X_1, X_2, X_3 = 0$, $X_4 = a_1$, $X_5 = a_2$ lassen sich $p_1, \ldots, p_5$ berechnen. Man erhält dann (mit anderen Konstanten) das obige Resultat.

25) Die Transf. führt sich rechnerisch am bequemsten durch auf dem Weg über das Charakteristikensystem (P. D. 96 f. f) $\{dz - p dx - q dy = 0;\ 2\gamma\, dx + (-\beta + \sigma)\, dy + 2\lambda\, dp = 0;$ $2\alpha\, dy - (\beta + \sigma)\, dx + 2\lambda\, dq = 0\}$.

Die Transformierte hiervon hat eine ähnliche Gestalt: $\{dZ - P dX - Q dY = 0;\quad A_1 dX + A_2 dY + A_3 dP + A_4 dQ = 0;$ $B_1 dX + \cdots + B_4 dQ = \sigma;\ A(X, \ldots, Q), B(X, \ldots, Q).\}$. Denn die dx, dy, dp, dq lassen sich homogen linear durch die dX, dY, dP, dQ ausdrücken. Dieses neue System kann man dann auch durch geeignete lineare Verbindung so schreiben, daß $A_4 = 0$; $B_3 = 0$ ist. Dann läßt sich unmittelbar die entsprechende Mongesche Gleichung angeben, die ein solches Charakteristikensystem hat. Sonderfälle (lin. Gl. usw.) sind hierbei noch nicht berücksichtigt, machen aber keine Schwierigkeiten.

26) $[u, v] = u_p \dfrac{dv}{dx} - v_p \dfrac{du}{dx} + u_q \dfrac{dv}{dy} - v_q \dfrac{du}{dy}$; $2\lambda [u, v] = u_p$ $(2\gamma v_p - (\beta + \sigma) v_q) - v_p (2\gamma u_p + (-\beta + \sigma) u_q) + u_q (2\alpha v_q$ $+ (-\beta + \sigma) v_p) - v_q (2\alpha u_q - (\beta + \sigma) u_p) = 0$. Daraus für $\lambda \neq 0$: $[u, v] = 0$. — Entsprechendes ergibt sich für $\lambda = 0$.

27) Zu u läßt sich ein v und ein w finden, so daß $[u, v] = [u, w] = 0$ ist. Zu u, v, w lassen sich $\pi, \varkappa$ eindeutig bestimmen, so daß $v, u, w, \pi, \varkappa$ eine Ber. Tr. definieren. Die transformierte Gleichung (4, 12) hat ein System, das als Lösung x_2 zuläßt.

Daher ist $\lambda = 0$, die Gleichung also linear. Damit die Systeme zusammenfallen und außerdem x_2 Lösung ist, muß offenbar $\beta^2 = 4\alpha\gamma$ und $\gamma = 0$ sein. Also $\gamma = \beta = 0$.

28) u, v seien die Lösungen der zwei Systeme. Es ist $[u, v] = 0$. Es gibt eine Ber. Tr. $u, v, \omega, \pi, \varkappa$. Zur Transformierten von (4, 12) gehören Systeme (15) (16) mit den Lösungen x_1, x_2; daraus folgt $\lambda = 0$ und ferner $\alpha = \gamma = 0$.

29) $\alpha = 0$; $\beta = q + 1$; $\gamma = -(p + 1)$; $\lambda = \mu = 0$; I''); $(p + 1)\,dx + (q + 1)dy = 0$; $-(p + 1)\,dq = 0$. II''): $dx = 0$; $-(p + 1)\,dq + (q + 1)\,dp = 0$. I''): $(x_4 + 1)\,p_4 + (x_5 + 1)\,p_5 = 0$; $(x_4 + 1)(p_2 + p_3 x_5) = 0$. II''): $p_4 = 0$; $(x_4 + 1)(p_2 + p_3 x_5)(x_5 + 1)(p_1 + p_3 x_5) = 0$. I'') $X_1 \equiv (x_4 + 1)\,p_4 + (x_5 + 1)\,p_5 = 0$; $X_2 \equiv p_2 + p_3 x_5 = 0$. $(X_1, X_2) = (x_5 + 1)\,p_3 = 0$; $X_3 \equiv p_3 = 0$ $(X_1, X_3) = (X_2, X_3) = 0$. $\overline{X}_1 = X_2 - x_5 X_3 \equiv p_2 = 0$; $\overline{X}_2 \equiv p_3 = 0$; $\overline{X}_3 \equiv (x_4 + 1)\,p_4 + (x_5 + 1)\,p_5 = 0$. Offenbar liegen $X_4 \equiv p_1$ und $X_5 \equiv p_4(x_4 + 1)$ (Trennung d. Var.) in Involution zu allen anderen X. Also ergibt $p_1 = a_1$; $p_2 = 0$; $p_3 = 0$; $p_4 = \frac{a_2}{x_4 + 1}$; $p_5 = -\frac{a_2}{x_5 + 1}$ als vollständiges Integral des Systems $u = a_1 x_1 + a_2 \log \frac{x_4 + 1}{x_5 + 1} + B$. Da es sich um ein lineares System handelt, so ist $u = \omega\left(x_1, \frac{x_4 + 1}{x_5 + 1}\right)$ das allgemeine Integral. Als Zwischenintegral ergibt sich $p + 1 = (q + 1)\,\omega(x)$.

Die Integration dieser ∞^ω Gleichungen muß das allgemeine Integral der urspr. Gl. liefern. $p - \omega(x)\,q + 1 - \omega(x) = 0$; $\frac{dx}{1} = \frac{-dy}{\omega(x)} = \frac{dz}{\omega - 1}$; $y + \int \omega(x)\,dx = c_1$; $y + \omega_1(x) = c_1$; $dz = (\omega(x) - 1)\,dx$; $z - \omega_1(x) + x = c_2$. Also allgem. Integral: $z - \omega_1(x) + x = \omega_2(y + \omega_1(x))$; $z = \omega_1(x) - x + \omega_2(y + \omega_1(x)) = \overline{\omega}_1(x) + \omega_2(x + y + \overline{\omega}_1(x))$.

30) $\sigma = \sqrt{-4pq\,xy + 4pq\,xy} = 0$. — $X_1 \equiv 2x_4 x_2 p_4 - 2x_1 x_2(p_1 + p_3 x_4) = 0$; $X_2 \equiv 2x_1 x_5 p_5 - 2x_1 x_2(p_2 + p_3 x_5) = 0$; $\overline{X}_1 = x_4 p_4 - x_1 p_1 - x_1 x_4 p_3 = 0$; $\overline{X}_2 = x_5 p_5 - x_2 p_2 - x_2 x_5 p_3 = 0$; $(\overline{X}_1, \overline{X}_2) = 0$; $x_1 p_1 = -x_1 x_4 p_3 + x_4 p_4$; $x_2 p_2 = -x_2 x_5 p_3 + x_5 p_5$.

Mayersche Transf.: $x_1 = 1 + y_1$; $x_2 = 1 + y_1 y_2$; $(1 + y_1)\left(\tilde{p}_1 - \frac{y_2}{y_1}\tilde{p}_2\right) = -(1 + y_1)x_4 p_3 + x_4 p_4$; $(1 + y_1 y_2)\frac{\tilde{p}_2}{y_1} = -(1 + y_1 y_2)x_5 p_3 + x_5 p_5$; $(1 + y_1 y_2)(1 + y_1)\tilde{p}_1 = -(1 + y_1)(1 + y_1 y_2)x_4 p_3 + (1 + y_1 y_2)x_4 p_4 - y_2(1 + y_1)(1 + y_1 y_2)x_5 p_3 + y_2(1 + y_1)x_5 p_5$. Diese Diffgl. in y_1, x_3, x_4, x_5 ist zu integrieren; $\frac{dy_1}{(1 + y_1)(1 + y_1 y_2)} = \frac{dx_3}{(1 + y_1)(1 + y_1 y_2)(x_4 + y_2 x_5)} = \frac{dx_4}{-(1 + y_1 y_2)x_4} = \frac{-dx_5}{y_2(1 + y_2)x_5}$ $(= dt)$; $\frac{dy_1}{1 + y_1} + \frac{dx_4}{x_4} = 0$; $(1 + y_1)x_4 \equiv u_1$; $y_2 \frac{dy_1}{1 + y_1 y_2} + \frac{dx_5}{x_5} = 0$; $(1 + y_1 y_2)x_5 \equiv u_2$; $dy_1(x_4 + y_2 x_5) - dx_3 = 0$; $dy_1\left(\frac{a_1}{1 + y_1} + \frac{y_2 a_2}{1 + y_1 y_2}\right) - dx_3 = 0$; $a_1 \log(1 + y_1) + a_2 \log(1 + y_1 y_2) - x_3 = \log a_3$; $(1 + y_1)x_4 \log(1 + y_1) + (1 + y_1 y_2)\log(1 + y_1 y_2) \cdot x_5 - x_3 \equiv u_3$ $u_1 \equiv x_1 x_4$; $u_2 \equiv x_2 x_5$; $u_3 \equiv x_1 \log x_1 \cdot x_4 + x_2 \log x_2\, x_5 - x_3$. Elimination von x_4, x_5 aus $u_i = a_i$ ergibt $a_1 \log x_1 + a_2 \log x_2 - x_3 = a_3$; $z = a_1 \log x + a_2 \log y - a_3$. Das allgemeine Integral ergibt sich bei Elimination von a_1 aus

$$\left\{\begin{array}{l} z = a_1 \log x + \omega(a_1) \log y - \omega_1(a_1); \\ \log x + \log y\,\omega'(a_1) - \omega_1'(a_1) = 0. \end{array}\right\}.$$

Vom gleichen Verfasser liegt vor:

GUIDO HOHEISEL

Gewöhnliche Differentialgleichungen

5., durchgesehene Auflage. 129 Seiten. 1956. DM 2,40
(Sammlung Göschen Bd. 920)

„Das Buch zeichnet sich durch knappe, exakte und doch gut verständliche Darstellung aus; es bringt die wichtigsten Sätze über gewöhnliche Differentialgleichungen und ist somit als einführendes Lehrbuch bestens zu empfehlen.“

Monatshefte für Mathematik

Partielle Differentialgleichungen

3., neubearbeitete Auflage. 130 Seiten. 1953. DM 2,40
(Sammlung Göschen Bd. 1003)

„Da es dem Verfasser trotz Beschränkung auf das Wesentliche gelungen ist, die Theorie der partiellen Differentialgleichungen in mancher Hinsicht allgemeiner zu entwickeln als manche Lehrbücher dies tun, ist das Bändchen besonders auch als Ergänzung zu anderer Literatur zu empfehlen.“

Das Ventil

Integralgleichungen

2., durchgesehene Auflage. 1958. In Vorbereitung.
(Sammlung Göschen Bd. 1099)

Unser Auswahlverzeichnis MATHEMATIK erhalten Sie kostenlos bei Ihrem Buchhändler.

WALTER DE GRUYTER & CO. / BERLIN W 35
vormals G. J. Göschen'sche Verlagshandlung - J. Guttentag, Verlagsbuchhandlung - Georg Reimer - Karl J. Trübner - Veit & Comp.

HORN - WITTICH

Gewöhnliche Differentialgleichungen

6., erweiterte Auflage neubearbeitet von H. Wittich. Groß-Oktav. Mit 9 Abbildungen. Etwa 260 Seiten. 1958. Ganzleinen etwa DM 36,—

(Göschens Lehrbücherei Band 10)

Urteil über die 5. Auflage:

„Die 5. Auflage bringt noch aus der Hand des inzwischen verstorbenen Verfassers wertvolle Zusätze und Änderungen, insbesondere eine etwa ausführlichere Behandlung der hypergeometrischen Funktionen und vor allem die asympmatische Darstellung der Integrale linearer Differentialgleichungen 2. Ordnung durch divergente Reihen im komplexen Gebiet.“ *Physikalische Blätter*

HORN

Partielle Differentialgleichungen

4. Auflage. VIII, 228 Seiten mit 8 Figuren. 1949. Halbleinen DM 14,—

(Göschens Lehrbücherei Band 14)

„Immer schon war dieses Lehrbuch sehr beliebt als leichtfaßliche und zuverlässige, jedoch nicht in den Anfangsgründen steckenbleibende Einführung in Theorie und Anwendungen der partiellen Differentialgleichungen . . .“ *Archiv der Mathematik*

LENSE

Reihenentwicklung in der mathematischen Physik

3., verbesserte Auflage. Groß-Oktav. Mit 48 Abbildungen. 216 Seiten. 1953. Ganzleinen DM 26,—

„Die Darstellung im einzelnen zeichnet sich durch gute Übersichtlichkeit und leichte Verständlichkeit aus. Dadurch, daß hier in einem einzigen Buch weite Gebiete vereinigt sind, von denen aus man zu Spezialstudien *(Theoretische Physik, Angew. Math.)* fortschreiten kann, ist hier für den Studenten der mittleren und höheren Semester ein wertvolles Hilfsmittel geschaffen.“ *Archimedes*

WALTER DE GRUYTER & CO. / BERLIN W35
vormals G. J. Göschen'sche Verlagshandlung - J. Guttentag, Verlagsbuchhandlung - Georg Reimer - Karl J. Trübner - Veit & Comp.

HAUPT-AUMANN

Differential- und Integralrechnung

Unter besonderer Berücksichtigung neuerer Ergebnisse

2., völlig neubearbeitete Auflage unter Mitwirkung von C. Pauc.

Band I: **Einführung in die reelle Analysis**
Oktav. VII, 218 Seiten mit 2 Figuren. 1948. DM 18,—

Band II: **Differentialrechnung**
Oktav. 210 Seiten. 1950. Halbleinen DM 16,50

Band III: **Integralrechnung**
Oktav. VIII, 320 Seiten mit 1 Figur. 1955. Halbleinen DM 28,—

(Göschens Lehrbücherei Band 24, 25, 26)

„... Das Werk hat eine vorzügliche und sehr eigenartige Stellung in der deutschen Literatur und ist durch weitgehende Neubearbeitung noch weiter auf seinem eingeschlagenen Weg gefördert worden. Der an einer mathematischen Begriffsbildung interessierte Student findet hier eine ganz ausgezeichnete Einführung in die strengen Auffassungen, die heute hinter der Technik der Differential- und Integralrechnung erwachsen sind. Es ist erstaunlich, wie der Verfasser und seine jüngeren Mitarbeiter straff und klar zugleich in diese Welt moderner mathematischer Gedanken hineinführen." *Prof. Dr. E. Ulrich, Gießen*

FR. A. WILLERS

Methoden der praktischen Analysis

3., verbesserte und erweiterte Auflage. Groß-Oktav. Mit 93 Figuren. 429 Seiten. 1957. Ganzleinen DM 28,—
(Göschens Lehrbücherei Band 12)

„Es gibt wohl kaum einen Mathematiker, dem ... das Lehrbuch von Willers unbekannt geblieben ist und der es nicht wegen seiner Reichhaltigkeit und vorbildlichen Klarheit schätzen gelernt hat."

Zeitschrift für angewandte Mathematik und Mechanik

WALTER DE GRUYTER & CO. / BERLIN W 35

vormals G. J. Göschen'sche Verlagshandlung · J. Guttentag, Verlagsbuchhandlung · Georg Reimer · Karl J. Trübner · Veit & Comp.

H. DÖLP und E. NETTO

Grundzüge und Aufgaben der Differential- und Integralrechnung nebst den Resultaten

22., verbesserte Auflage. Oktav. 201 Seiten. 1955. DM 4,80
(Verlag Alfred Töpelmann)

Das Bändchen stellt eine elementare Aufgabensammlung zur Differential- und Integralrechnung mit eingefügten Erläuterungen dar. Der erste Abschnitt, Differentialrechnung für Funktionen einer und mehrerer Veränderlicher, bringt die Differentiation der elementaren Funktionen, einschließlich implizite Funktionen, die Ermittlung der Werte unbestimmter Formen Maxima und Minima, Taylorsche Reihe. Der zweite Abschnitt, Integralrechnung, führt das Integral als unbestimmtes ein, entwickelt die Integrationsformeln im Bereiche der elementaren Funktionen und geht dann kurz auf das bestimmte Integral ein. Schließlich werden noch verhältnismäßig ausführliche geometrische Anwendungen der Infinitesimalrechnung gebracht: Tangentenbestimmung, singulare Punkte, Krümmung; Quadratur, Rektifikation, Kubatur.

H. VON SANDEN

Einführung in die technische Mathematik

2., durchgesehene Auflage. Oktav. 60 Seiten. 1950. DM 3,80

„Das Buch soll das Verständnis der einführenden Physik- und Mechanikvorlesungen erleichtern, ersetzt aber keineswegs das Mathematikstudium der Ingenieure. Die Darstellung zeigt überall das außerordentliche pädagogische Geschick des Verfassers, der größten Wert auf gründliche Klärung der Begriffe legt. Daß es im allgemeinen seinen Zweck erfüllt, geht daraus hervor, daß es unverändert in zweiter Auflage erscheinen konnte."

VDI-Zeitschrift

WALTER DE GRUYTER & CO. / BERLIN W35
vormals G. J. Göschen'sche Verlagshandlung / J. Guttentag, Verlagsbuchhandlung / Georg Reimer / Karl J. Trübner / Veit & Comp.

Mehr als 300 Bände

der kurzen, klaren, allgemeinverständlichen Einzeldarstellungen der

SAMMLUNG GÖSCHEN

sind schon wieder lieferbar.

Jeder Band DM 2,40 — Doppelband DM 4,80

Stand März 1958

Biologie 8 — Botanik 8 — Chemie 7 — Deutsche Sprache und Literatur 4 Elektrotechnik 9 — Englisch 4 — Erd- und Länderkunde 5 — Französisch 4 — Geologie 9 — Germanisch 4 — Geschichte 3 — Griechisch 5 Hebräisch 5 — Hoch- und Tiefbau 11 — Indogermanisch 4 — Italienisch 4 — Kristallographie 9 — Kunst 3 — Land- und Forstwirtschaft 9 Lateinisch 5 — Maschinenbau 10 — Mathematik 6 — Mineralogie 9 Musik 3 — Pädagogik 2 — Philosophie 2 — Physik 7 — Psychologie 2 Publizistik 5 — Religionswissenschaften 3 — Russisch 5 — Sanskrit 5 Soziologie 2 — Technologie 8 — Volkswirtschaft 5 — Wasserbau 11 Zoologie 8.

Die Zahlen entsprechen den Seiten im Innern des Heftes.

WALTER DE GRUYTER & CO.

BERLIN W 35

Geisteswissenschaften

Philosophie

Einführung in die Philosophie von *H. Leisegang*†. 3. Aufl. 145 S. 1957 *(281)*
Hauptprobleme der Philosophie von *G. Simmel* †. 7., unveränd. Aufl. 177 S. 1950 *(500)*
Geschichte der Philosophie
I: Die Griechische Philosophie von *W. Capelle*. 1. Teil. Von Thales bis Leukippos. 2., erw. Aufl. 135 S. 1953 *(857)*
II: Die griechische Philosophie von *W. Capelle*. 2. Teil. Von der Sophistik bis zum Tode Platons. 2., stark erw. Aufl. 144 S. 1953 *(858)*
III: Die griechische Philosophie von *W. Capelle*. 3. Teil. Vom Tode Platons bis zur Alten Stoa. 2., stark erw. Aufl. 132 S. 1954. *(859)*
IV: Die griechische Philosophie von *W. Capelle*. 4. Teil. Von der Alten Stoa bis zum Eklektizismus im 1. Jh. v. Chr. 2., stark erw. Aufl. 132 S. 1954 *(863)*
V: Die Philosophie des Mittelalters von *J. Koch*. In Vorb. *(826)*
VI: Von der Renaissance bis Kant von *K. Schilling*. 234 S. 1954 *(394/394a)*
VII: Immanuel Kant von *G. Lehmann*. In Vorb. *(536)*
VIII: Die Philosophie des 19. Jahrhunderts von *G. Lehmann*. 1. Teil. 151 S. 1953 *(571)*
IX: Die Philosophie des 19. Jahrhunderts von *G. Lehmann*. 2. Teil. 168 S. 1953 *(709)*
X: Die Philosophie im ersten Drittel des 20. Jahrhunderts I von *G. Lehmann*. 128 S. 1957 *(845)*
Die geistige Situation der Zeit (1931) von *K. Jaspers*. 4., unveränd. Abdruck der 1932 bearb. 5. Aufl. 211 S. 1955 *(1000)*
Erkenntnistheorie von *G. Kropp*. 1. Teil: Allgemeine Grundlegung. 143 S. 1950 *(807)*
Formale Logik von *P. Lorenzen*. 170 S. 1958 *(1176/1176a)*
Philosophisches Wörterbuch von *M. Apel*†. 5. Aufl., neub. von *P. Ludz*. 315 S. 1958 *(1031/1031a)*
Philosophische Anthropologie. Menschliche Selbstdeutung in Geschichte und Gegenwart von *M. Landmann*. 266 S. 1955 *(156/156a)*

Pädagogik, Psychologie Soziologie

Geschichte der Pädagogik von *Herm. Weimer*. 12., neub. u. verm. Aufl. von *Heinz Weimer*. 177 S. 1956 *(145)*
Therapeutische Psychologie. Ihr Weg durch die Psychoanalyse von *W. M. Kranefeldt*. Mit einer Einführung von *C. G. Jung*. 3., unveränd. Aufl. 152 S. 1956 *(1034)*
Allgemeine Psychologie von *Th. Erismann*. 3 Bde.
I: Grundprobleme. 2., neub. Aufl. 144 S. 1958 *(831)*
Soziologie. Geschichte und Hauptprobleme von *L. von Wiese*. 5. Aufl. 162 S. 1954 *(101)*
Sozialpsychologie von *P. R. Hofstätter*. 181 S., 15 Abb., 22 Tab. 1956 *(104/104a)*
Psychologie des Berufs- und Wirtschaftslebens von *W. Moede*. 190 S., 48 Abb. 1958 *(851/851a)*
Industrie- und Betriebssoziologie von *R. Dahrendorf*. 120 S. 1956 *(103)*

Religionswissenschaften

Jesus von *M. Dibelius*†. 2. Aufl. Unveränd. Nachdr. 137 S. 1949 *(1130)*
Paulus von *M. Dibelius*†. Nach dem Tode des Verfassers herausgegeben und zu Ende geführt von *W. G. Kümmel*. 2. Aufl. 155 S. 1956 *(1160)*
Römische Religionsgeschichte von *F. Altheim*. 2 Bde. 2., umgearb. Aufl.
I: Grundlagen und Grundbegriffe. 116 S. 1956 *(1035)*
II: Der geschichtliche Ablauf. 164 S. 1956 *(1052)*
Geschichte Israels von *E. L. Ehrlich*. 158 S., 1 Taf. 1958 *(231/231a)*

Musik

Musikästhetik von *H. J. Moser*. 180 S. 1953 *(344)*

Systematische Modulation von *R. Hernried*. 2. Aufl. 136 S. 1950 *(1094)*

Der polyphone Satz von *E. Pepping*. 2 Bde.
1. Teil: Der cantus-firmus-Satz. 2. Aufl. 223 S. 1950 *(1148)*
2. Teil: Übungen im doppelten Kontrapunkt und im Kanon. 137 S. 1957 *(1164/1164a)*

Allgemeine Musiklehre von *H. J. Moser*. 2., durchges. Aufl. 155 S. 1955 *(220/220a)*

Harmonielehre von *H. J. Moser*. 2 Bde. I: 109 S. 1954 *(809)*

Die Musik des 19. Jahrhunderts von *W. Oehlmann*. 180 S. 1953 *(170)*

Die Musik des 20. Jahrhunderts von *W. Oehlmann*. 1958 In Vorb. *(171/171a)*

Technik der deutschen Gesangskunst von *H. J. Moser*. 3., durchges. und verb. Aufl. 144 S., 5 Fig. 1954 *(576/576a)*

Die Kunst des Dirigierens von *H. W. von Waltershausen*†. 2. Aufl. 138 S. 1954 *(1147)*

Die Technik des Klavierspiels aus dem Geiste des musikalischen Kunstwerkes von *K. Schubert*† 3. Aufl. 110 S. 1954 *(1045)*

Kunst

Stilkunde von *H. Weigert*. 2 Bde. 3., durchges. Aufl.
I: Vorzeit, Antike, Mittelalter. 136 S., 94 Abb. 1958 *(80)*
II: Spätmittelalter und Neuzeit. 150 S., 88 Abb. *(Bd. 781)*

Archäologie von *A. Rumpf*. 2 Bde.
I: Einleitung, historischer Überblick. 143 S., 6 Abb., 12 Taf. 1953 *(538)*
II: Die Archäologensprache. Die antiken Reproduktionen. 136 S., 7 Abb., 12 Taf. 1956 *(539)*

Geschichte

Einführung in die Geschichtswissenschaft von *P. Kirn*. 2. Aufl. 121 S. 1952 *(270)*

Zeitrechnung d. röm. Kaiserzeit, des Mittelalters und der Neuzeit für die Jahre 1—2000 n. Chr. von *H. Lietzmann*†. 3. Aufl., durchges. von *K. Aland*. 130 S. 1956 *(1085)*

Kultur der Urzeit von *F. Behn*. 3 Bde. 4. Aufl. der „Kultur der Urzeit" Bd. I—III von *M. Hoernes*.
I: Die vormetallischen Kulturen. (Die Steinzeiten Europas. Gleichartige Kulturen in anderen Erdteilen.) 172 S., 48 Abb. 1950 *(564)*
II: Die älteren Metallkulturen. (Der Beginn der Metallbenutzung. Kupfer- und Bronzezeit in Europa, im Orient und in Amerika). 160 S., 67 Abb. 1950 *(565)*
III: Die jüngeren Metallkulturen. (Das Eisen als Kulturmetall. Hallstatt-Latène-Kultur in Europa. Das erste Auftreten des Eisens in den anderen Erdteilen.) 149 S., 60 Abb. 1950 *(566)*

Vorgeschichte Europas von *F. Behn*. Völlig neue Bearbeitung der 7. Aufl. der „Urgeschichte der Menschheit" von *M. Hoernes*. 125 S., 47 Abb. 1949 *(42)*

Der Eintritt der Germanen in die Geschichte von *J. Haller*. 3. Aufl., durchges. von *H. Dannenbauer*. 120 S., 6 Ktnskizz. 1957 *(1117)*

Von den Karolingern zu den Staufern von *J. Haller* †. Die altdeutsche Kaiserzeit (900—1250). 4., durchges. Aufl. von *H. Dannenbauer*. 142 S. 1958 *(1065)*

Deutsche Geschichte im Zeitalter der Reformation, der Gegenreformation und des 30jährigen Krieges von *F. Hartung*. 129 S. 1951 *(1105)*

Deutsche Geschichte von 1648 bis 1740 von *W. Treue*. 120 S. 1956 *(35)*

Deutsche Geschichte von 1713 bis 1806 von *W. Treue*. 168 S. 1957 *(39)*

Quellenkunde der deutschen Geschichte im Mittelalter (bis zur Mitte des 15. Jahrhunderts) von *K. Jacob*†. 3 Bde.
II: Die Kaiserzeit (911—1250). 4. Aufl. 127 S. 1949 *(280)*
III: Das Spätmittelalter (vom Interregnum bis 1500). Herausgeg. von *F. Weden*. 152 S. 1952 *(284)*

Geschichte Englands von *H. Preller*.
I: bis 1815. 3., stark umgearb. Aufl. 135 S., 7 Stammtaf., 2 Ktn. 1952 *(375)*
II: von 1815 bis 1910. 2., völlig

umgearb. Aufl. 118 S., 1 Stammtaf., 7 Ktn. 1954 *(1088)*

Römische Geschichte von *F. Altheim*. 4 Bde. 2., verb. Aufl.

I: Bis zur Schlacht bei Pydna (168 v. Chr.). 123 S. 1956 *(19)*

II: Bis zur Schlacht bei Actium (31 v. Chr.). 130 S. 1956 *(677)*

III: Bis zur Schlacht an der Milvischen Brücke (312 n. Chr.). 144 S. 1958 *(679)*

Geschichte der Vereinigten Staaten von Amerika von *O. Graf zu Stolberg-Wernigerode*. 192 S., 10 Ktn. 1956 *(1051/1051 a)*

Deutsche Sprache und Literatur

Geschichte der deutschen Sprache v. *H. Sperber*. 2. Aufl., durchges. v. *W. Fleischhauer*. 128 S. 1958. *(915)*

Deutsches Rechtschreibungswörterbuch von *M. Gottschald*. 2., verb. Aufl. 269 S. 1953 *(200/200 a)*

Deutsche Wortkunde. Eine kulturgeschichtliche Betrachtung des deutschen Wortschatzes von *A. Schirmer*. 3., durchges. Aufl. 109 S. 1949 *(929)*

Deutsche Sprachlehre von *W. Hofstaetter*. 9., neubearb. Aufl. von *G. Spree*. 144 S. 1953 *(20)*

Stimmkunde für Beruf, Kunst und Heilzwecke von *H. Biehle*. 111 S. 1955 *(60)*

Redetechnik. Einführung in die Rhetorik von *H. Biehle*. 115 S. 1954 *(61)*

Sprechen und Sprachpflege (Die Kunst des Sprechens) v. *H. Feist*. 2., verb. Aufl. 99 S., 25 Abb. 1952 *(1122)*

Deutsches Dichten und Denken von der germanischen bis zur staufischen Zeit von *H. Naumann*. (Deutsche Literaturgeschichte vom 5.—13. Jahrhundert). 2., verb. Aufl. 166 S. 1952 *(1121)*

Deutsches Dichten und Denken vom Mittelalter zur Neuzeit von *G. Müller*. (1270—1700). 2., durchges. Aufl. 159 S. 1949 *(1086)*

Deutsches Dichten und Denken von der Aufklärung bis zum Realismus von *K. Viëtor*† (1700—1890). 3., durchges. Aufl. von *G. Erdmann*. 1 9 S. 1958 *(1096)*

Der Nibelunge Nôt in Auswahl mit kurzem Wörterbuch von *K. Langosch*. 10., durchges. Aufl. 164 S. 1956 *(1)*

Kudrun- und Dietrich-Epen in Auswahl mit Wörterbuch von *O. L. Jiriczek*. 6. Aufl. bearb. von *R. Wisniewski*. 173 S. 1957. *(10)*

Wolfram von Eschenbach. Parzival. Eine Auswahl mit Anmerk. und Wörterbuch. Von *H. Jantzen*. 2. Aufl., bearb. von *H. Kolb*. 128 S. 1957 *(921)*

Hartmann von Aue von *F. Maurer*. 1958. In Vorb. *(18)*

Die deutschen Personennamen von *M. Gottschald*. 2., verb. Aufl. 151 S. 1955 *(422)*

Althochdeutsches Elementarbuch von *H. Naumann*† und *W. Betz*. 2. Aufl. 156 S. 1954 *(1111)*

Mittelhochdeutsche Grammatik von *H. de Boor* und *R. Wisniewski*. 141 S. 1956 *(1108)*

Indogermanisch, Germanisch

Gotisches Elementarbuch. Grammatik, Texte mit Übersetzung und Erläuterungen von *H. Hempel*. 2., umgearb. Aufl. 165 S. 1953 *(79)*

Indogermanische Sprachwissenschaft von *H. Krahe*. 2 Bde. 3. Aufl.

I: Einleitung und Lautlehre. 106 S. 1958. *(59)*

Germanische Sprachwissenschaft von *H. Krahe*. 2 Bde. 3., neub. Aufl.

I: Einleitung und Lautlehre. 147 S. 1956 *(238)*

II: Formenlehre. 149 S. 1957 *(780)*

Altnordisches Elementarbuch von *F. Ranke*. Schrifttum, Sprache, Texte mit Übersetzung und Wörterbuch. 2., durchges. Aufl. 146 S. 1949 *(1115)*

Englisch, Französisch Italienisch

Altenglisches Elementarbuch von *M. Lehnert*. Einführung, Grammatik, Texte mit Übersetzung und Wörterbuch. 3., verb. Aufl. 178 S. 1955 *(1125)*

Historische neuenglische Laut- und Formenlehre von *E. Ekwall*. 3., durchges. Aufl. 150 S. 1956 *(735)*

Englische Phonetik von *H. Mutschmann*†. 117 S. 1956 *(601)*

Englische Literaturgeschichte. 4 Bde.
I: Die alt- und mittelenglische Periode v. *F. Schubel.* 163 S. 1954 *(1114)*
II: Von der Renaissance bis zur Aufklärung von *F. Schubel.* 160 S. 1956 *(1116)*
III: Romantik und Viktorianismus v. *P. Meissner*†. 150 S. 1938 *(1124)*
IV: Das 20. Jahrhundert von *P. Meissner*†. 150 S. 1939 *(1136)*
Beowulf von *M. Lehnert.* Eine Auswahl mit Einführung, teilweiser Übersetzung, Anmerkungen und etymologischem Wörterbuch. 2., verb. Aufl. 135 S. 1949 *(1135)*
Shakespeare von *P. Meissner*†. 2. Aufl. neubearb. von *M. Lehnert.* 136 S. 1954 *(1142)*
Italienische Literaturgeschichte von *K. Vossler*†. Unveränd. Nachdr. der 1927 erschien. 4., durchges. und verb. Aufl. 148 S. 1948 *(125)*
Romanische Sprachwissenschaft von *H. Lausberg.* 2 Bde. 1956.
I: Einleitung und Vokalismus. 160 S. *(128/128a)*
II: Konsonantismus. 95 S. *(250)*

Griechisch, Lateinisch

Griechische Sprachwissenschaft von *W. Brandenstein.* 2 Bde.
I: Einleitung, Lautsystem, Etymologie. 160 S. 1954 *(117)*
Geschichte der griechischen Sprache. 2 Bde.
I: Bis zum Ausgang der klassischen Zeit von *O. Hoffmann*†. 3. Aufl. bearb. von *A. Debrunner*†. 156 S. 1954 *(111)*
II: Grundfragen und Grundzüge des nachklass. Griechisch. Von *A. Debrunner.* 144 S. 1954 *(114)*†
Geschichte der lateinischen Sprache von *F. Stolz*†. 3., stark umgearb. Auflage von *A. Debrunner*†. 136 S. 1953 *(492)*

Hebräisch, Sanskrit, Russisch

Hebräische Grammatik von *G. Beer*†. 2 Bde. 2., völlig neub. Aufl. von *R. Meyer.*
I: Schrift-, Laut- und Formenlehre I. 157 S. 1952 *(763/763a)*
II: Formenlehre II. Syntax und Flexionstabellen. 195 S. 1955 *(764/764a)*
Sanskrit-Grammatik von *M. Mayrhofer.* 89 S. 1953 *(1158)*
Russische Grammatik von *E. Berneker.* 6., unveränd. Aufl. von *M. Vasmer.* 155 S. 1947 *(66)*

Erd- und Länderkunde

Afrika von *F. Jaeger.* Ein geograph. Überblick. 2 Bde. 2., umgearb. Aufl.
I: Der Lebensraum. 179 S., 18 Abb. 1954 *(910)*
II: Mensch und Kultur. 152 S., 6 Abb. 1954 *(911)*
Australien und Ozeanien von *H. J. Krug.* 176 S., 46 Skizz. 1953 *(319)*
Kartenkunde von *M. Eckert-Greifendorff*†. 3., durchges. Aufl. von *W. Kleffner.* 149 S., 63 Abb. 1950 *(30)*

Volkswirtschaft, Publizistik

Allgemeine Betriebswirtschaftslehre von *K. Mellerowicz.* 3 Bde. 9., unveränd. Aufl.
I: 142 S. 1956 *(1008)*
II: 112 S. 1956 *(1153)*
III: 143 S. 1956 *(1154)*
Allgemeine Volkswirtschaftslehre von *A. Paulsen.* 4 Bde. 2., durchges. u. erg. Aufl.
I: Grundlegung, Wirtschaftskreislauf. 140 S. 1958 *(Bd. 1169)*
II: Haushalte, Unternehmungen, Marktformen. 163 S. 32 Abb. 1958 *(1170)*
Zeitungslehre von *E. Dovifat.* 2 Bde. 3., neubearb. Aufl.
I: Theoretische und rechtliche Grundlagen — Nachricht und Meinung — Sprache und Form. 148 S. 1955 *(1039)*
II: Redaktion — Die Sparten Verlag und Vertrieb, Wirtschaft und Technik, Sicherung der öffentlichen Aufgabe. 158 S. 1955 *(1040)*

Naturwissenschaften

Mathematik

Geschichte der Mathematik von *J. E. Hofmann*. 3 Bde.
I: Von den Anfängen bis zum Auftreten von Fermat und Descartes. 200 S. 1953 *(226)*
II: Von Fermat und Descartes bis zur Erfindung des Calculus und bis zum Ausbau der neuen Methoden. 109 S. 1957 *(875)*
III: Von den Auseinandersetzungen um den Calculus bis zur Französischen Revolution. 107 S. 1957 *(882)*

Mathematische Formelsammlung von *F. Ringleb*. Vollst. umgearb. Neuausg. des Werkes von *O. Th. Bürklen*. 6., erw. Aufl. 278 S., 53 Fig. 1956 *(51/51a)*

Fünfstellige Logarithmen von *A. Adler*. Mit mehreren graphischen Rechentafeln und häufig vorkommenden Zahlwerten. 2. Aufl. Neudr. 127 S., 1 Taf. 1949 *(423)*

Arithmetik von *P. B. Fischer* †. 3. Aufl. von *H. Rohrbach*. 152 S. 1958 *(47)*

Höhere Algebra von *H. Hasse*. 2 Bde. 4., durchges. Aufl.
I: Lineare Gleichungen. 152 S. 1957 *(931)*
II: Gleichungen höheren Grades. 158 S., 5 Fig. 1958 *(932)*

Aufgabensammlung zur höheren Algebra von *H. Hasse* und *W. Klobe*. 2., verb. und verm. Aufl. 181 S. 1952 *(1082)*

Elementare und klassische Algebra vom modernen Standpunkt von *W. Krull*. 2 Bde. 2., erw. Aufl.
I: 136 S. 1952 *(930)*
II: In Vorb. 1958 *(933)*

Einführung in die Zahlentheorie von *A. Scholz*†. Überarb. und herausgeg. von *B. Schoeneberg*. 2. Aufl. 128 S. 1955 *(1131)*

Elemente der Funktionentheorie von *K. Knopp*†. 4. Aufl. 144 S., 23 Fig. 1955 *(1109)*

Funktionentheorie von *K. Knopp*†. 2 Bde.
I: Grundlagen der allgem. Theorie der analytischen Funktionen. 9., neub. Aufl. 144 S., 8 Fig. 1957 *(668)*
II: Anwendungen und Weiterführung der allgemeinen Theorie. 8./9. Aufl. 130 S., 7 Fig. 1955 *(703)*

Aufgabensammlung zur Funktionentheorie von *K. Knopp*†. 2 Bde.
I: Aufgaben zur elementaren Funktionentheorie. 5. Aufl. 135 S. 1958 *(877)*
II: Aufgaben zur höheren Funktionentheorie. 4. Aufl. 151 S. 1949 *(878)*

Gewöhnliche Differentialgleichungen von *G. Hoheisel*. 5., durchges. Aufl. 129 S. 1956 *(920)*

Partielle Differentialgleichungen v. *G. Hoheisel*. 3., neub. Aufl. 130 S. 1953 *(1003)*

Aufgabensammlung zu den gewöhnlichen und partiellen Differentialgleichungen von *G. Hoheisel*. 2., umgearb. Aufl. 124 S. 1952 *(1059)*

Integralgleichungen von *G. Hoheisel*. 2., durchges. Aufl. 1958 In Vorb. *(1099)*

Mengenlehre von *E. Kamke*. 3., neub. Auflage. 194 S., 6 Fig. 1955 *(999/999a)*

Gruppentheorie von *L. Baumgartner*. 3., neub. Aufl. 1958. In Vorb. *(837/837a)*

Ebene und sphärische Trigonometrie von *G. Hessenberg*. 5. Aufl., durchges. von *H. Kneser*. 172 S., 60 Fig. 1957 *(99)*

Darstellende Geometrie von *W. Haack*. 3 Bde.
I: Die wichtigsten Darstellungsmethoden. Grund- und Aufriß ebenflächiger Körper. 2., durchges. u. erg. Aufl. 113 S. 1958 *(142)*
II: Körper mit krummen Begrenzungsflächen. Kotierte Projektionen. 129 S., 86 Abb. 1954 *(143)*
III: Axonometrie und Perspektive. 127 S., 100 Abb. 1957 *(144)*

Analytische Geometrie von *K. P. Grotemeyer*. 201 S., 73 Abb. 1958 *(65/65a)*

Sammlung von Aufgaben und Beispielen zur analytischen Geometrie der Ebene von *R. Haussner*†. Mit den vollständigen Lösungen. 139 S., 22 Fig. Neudr. 1949 *(256)*

Nichteuklidische Geometrie. Hyperbolische Geometrie der Ebene. Von *R. Baldus*†. 3., verb. Aufl., durchges. und herausgeg. von *F. Löbell.* 140 S., 70 Fig. 1953 *(970)*
Differentialgeometrie von *K. Strubecker* (früher Rothe). 3 Bde.
I: Kurventheorie der Ebene und des Raumes. 150 S., 18 Fig. 1955 *(1113/1113a)*
II: Theorie der Flächenmetrik. 195 S., 14 Fig. 1958 *(1179/1179a)*
III: Theorie der Flächenkrümmung. 1958 In Vorb. *(1180/ 1180a)*
Einführung in die konforme Abbildung von *L. Bieberbach.* 5., erw. Aufl. 180 S., 42 Fig. 1956 *(768/768a)*
Vektoren und Matrizen von *S. Valentiner.* 8., erw. Aufl. der „Vektoranalysis". Mit Anh.: Aufgaben zur Vektorrechnung von *H. König.* 202 S., 35 Fig. 1958 *(354/354a)*
Vermessungskunde von *P. Werkmeister.* 3 Bde.
I: Stückmessung und Nivellieren. 10., völl. neub. Aufl. von *W. Grossmann.* 140 S., 117 Fig. 1958 *(468)*
II: Messung von Horizontalwinkeln. Festlegung von Punkten im Koordinatensystem. Absteckungen. 7. Aufl. 151 S., 93 Fig. 1949 *(469)*
III: Trigonometrische und barometrische Höhenmessung. Tachymetrie und Topographie. 6. Aufl. 147 S., 64 Fig. 1949 *(862)*
Versicherungsmathematik von *F. Böhm.* 2 Bde.
I: Elemente der Versicherungsrechnung. 3., verm. und verb. Aufl. Durchges. Neudr. 151 S. 1954 *(180)*
II: Lebensversicherungsmathematik. Einführung in die technischen Grundlagen der Sozialversicherung. 2., verb. Aufl. 205 S. 1953 *(917/917a)*

Physik

Einführung in die theoretische Physik von *W. Döring.* 5 Bde.
I: Mechanik. 119 S., 29 Abb. 1954 *(76)*
II: Das elektromagnetische Feld. 123 S., 15 Abb. 1955 *(77)*
III: Optik. 117 S., 32 Abb. 1956 *(78)*
IV: Thermodynamik. 107 S., 9 Abb. 1956 *(374)*
V: Statistische Mechanik. 114 S., 12 Abb. 1957 *(1017)*
Atomphysik von *K. Bechert* und *Ch. Gerthsen*†. 7 Bde. 3., umgearb. Aufl.
I: Allgemeine Grundlagen. 1. Teil. 124 S., 55 Abb. 1955 *(1009)*
II: Allgemeine Grundlagen. 2. Teil. 112 S., 48 Abb. 1955 *(1033)*
III: Theorie des Atombaus. 1. Teil. 148 S., 16 Abb. 1954 *(1123/1123a)*
IV: Theorie des Atombaus. 2. Teil. 170 S., 14 Abb. 1954 *(1165/1165a)*
Differentialgleichungen der Physik von *F. Sauter.* 3., durchges. u. erg. Aufl. 147 S., 16 Fig. 1958 *(1070)*
Physikalische Formelsammlung von *G. Mahler*† und *K. Mahler.* 9., durchges. Aufl. 153 S., 69 Fig. 1955 *(136)*
Physikalische Aufgabensammlung von *G. Mahler*†. Neub. von *K. Mahler.* Mit den Ergebn. 9., durchges. Aufl. 127 S., 1957 *(243)*

Chemie

Geschichte der Chemie in kurzgefaßter Darstellung von *G. Lockemann.* 2 Bde.
I: Vom Altertum bis zur Entdekkung des Sauerstoffs. 142 S., 8 Bildn. 1950 *(264)*
II: Von der Entdeckung des Sauerstoffs bis zur Gegenwart. 151 S., 16 Bildn. 1955 *(265/265a)*
Anorganische Chemie von *W. Klemm.* 10., durchges. und erg. Aufl. 185 S., 18 Abb. 1958 *(37)*
Organische Chemie von *W. Schlenk.* 7., erw. Aufl. 269 S., 16 Abb. 1957 *(38/38a)*
Allgemeine und physikalische Chemie von *W. Schulze.* 2 Bde. 4., neubearb. Aufl.
I: 139 S., 10 Fig. 1955 *(Bd. 71)*
II: 176 S., 37 Fig. 1956 *(698/698a)*
Molekülbau. Theoretische Grundlagen und Methoden der Strukturermittlung von *W. Schulze.* 123 S., 43 Fig. 1958 *(Bd. 786)*
Physikalisch-Chemische Rechenaufgaben von *E. Asmus.* 3., verb. Aufl. 96 S. 1958 *(445)*
Analytische Chemie von *J. Hoppe.* 2 Bde. 5., verb. Aufl.

I: Reaktionen. 135 S. 1950 *(247)*
II: Gang der qualitativen Analyse. 166 S. 1950 *(248)*

Maßanalyse. Theorie und Praxis der klassischen und der elektrochemischen Titrierverfahren. Von *G. Jander* und *K. F. Jahr*. 7., erg. Aufl. 303 S., 50 Fig. 1956 *(221/221 a)*

Thermochemie von *W. A. Roth*. 2., verb. Aufl. 109 S., 16 Fig. 1952 *(1057)*

Stöchiometrische Aufgabensammlung. Mit den Ergebn. von *W. Bahrdt*† und *R. Scheer*. 6., durchges. Aufl. 118 S. 1957 *(452)*

Elektrochemie und ihre physikalisch-chemischen Grundlagen von *A. Dassler*. 2 Bde.
I: 149 S., 21 Abb. 1950 *(252)*
II: 178 S., 17 Abb. 1950 *(253)*

Technologie

Warenkunde von *K. Hassak*† und *E. Beutel*†. 2 Bde.
I: Anorganische Waren sowie Kohle und Erdöl. 8. Aufl. neubearb. von *A. Kutzelnigg*. 119 S., 17 Fig. 1958 *(222)*
II: Organische Waren. 7. Aufl. neubearb. von *A. Kutzelnigg*. 143 S., 32 Fig. 1949 *(223)*

Die Fette und Öle von *K. Braun*†. 5., völlig neubearb. und verb. Aufl. von *Th. Klug*. 145 S. 1950 *(335)*

Die Seifenfabrikation von *K. Braun*†. 3., neubearb. und verb. Aufl. von *Th. Klug*. 116 S., 18 Abb. 1953 *(336)*

Textilindustrie
I: Spinnerei und Zwirnerei. Von *A. Blümcke*. 111 S., 43 Abb. 1954 *(184)*

Biologie

Einführung in die allgemeine Biologie von *M. Hartmann*. 132 S., 2 Abb. 1956 *(96)*

Hormone von *G. Koller*. 2., neubearb. und erw. Aufl. 187 S., 60 Abb., 19 Tab. 1949 *(1141)*

Fortpflanzung im Tier- und Pflanzenreich von *J. Hämmerling*. 2., erg. Aufl. 135 S., 101 Abb. 1951 *(1138)*

Geschlecht und Geschlechtsbestimmung im Tier- und Pflanzenreich von *M. Hartmann*. 2., verb. Aufl. 116 S., 61 Abb., 7 Tab. 1951 *(1127)*

Grundriß der allgemeinen Mikrobiologie von *W. Schwartz*. 2 Bde.
I: 104 S., 17 Abb. 1949 *(1155)*
II: 93 S., 12 Abb. 1949 *(1157)*

Symbiose der Tiere mit pflanzlichen Mikroorganismen von *P. Buchner*. 2., verb. und verm. Aufl. 130 S. 121 Abb. 1949 *(1128)*

Botanik

Entwicklungsgeschichte des Pflanzenreiches von *H. Heil*. 2. Aufl. 138 S., 94 Abb., 1 Tab. 1950 *(1137)*

Morphologie der Pflanzen von *L. Geitler*. 3. Aufl. 126 S., 114 Abb. 1953 *(141)*

Pflanzengeographie von *L. Diels* †. 5., völl. neub. Aufl. von *F. Mattick*. 196 S., 2 Ktn. 1958 *(389/389a)*

Die Laubhölzer. Kurzgefaßte Beschreibung der in Mitteleuropa gedeihenden Laubbäume und Sträucher. Von *F. W. Neger*† und *E. Münch*†. 3., durchges. Aufl. herausgeg. von *B. Huber*. 143 S., 63 Fig. 7 Tab. 1950 *(718)*

Die Nadelhölzer (Koniferen) und übrigen Gymnospermen von *F. W. Neger*† und *E. Münch*†. 4. Aufl., durchges. und erg. von *B. Huber*. 140 S., 75 Fig., 4 Tab., 3 Ktn. 1952 *(355)*

Pflanzenzüchtung von *H. Kuckuck* 2 Bde.
I: Grundzüge der Pflanzenzüchtung. 3., völlig umgearb. Aufl. 132 S., 22 Abb. 1952 *(1134)*
II: Spez. gartenbaul. Pflanzenzüchtung. 178 S., 27 Abb. 1957 *(1178/1178 a)*

Zoologie

Entwicklungsphysiologie der Tiere von *F. Seidel*. 2 Bde.
I: Ei und Furchung. 126 S., 29 Abb. 1953 *(1162)*
II: Körpergrundgestalt und Organbildg. 159 S., 42 Abb. 1953 *(1163)*

Das Tierreich.
Fische von *D. Lüdemann*. 130 S., 65 Abb. 1955 *(356)*
Insekten von *H. von Lengerken* 128 S., 58 Abb. 1953 *(594)*
Lurche (Chordatiere) von *K. Herter*. 143 S., 129 Abb. 1955 *(847)*

Spinnentiere (Trilobitomorphen, Fühlerlose) und Tausendfüßler. von *A. Kaestner*. 96 S., 55 Abb. 1955 *(1161)*
Würmer. Platt-, Hohl-, Schnurwürmer, Komptozoen, Ringelwürmer, Protracheaten, Bärtierchen, Zungenwürmer von *S. Jaeckel*. 114 S., 36 Abb. 1955 *(439)*
Weichtiere. Urmollusken, Schnekken, Muscheln, Kopffüßer von *S. Jaeckel*. 92 S., 34 Abb. 1954 *(440)*
Stachelhäuter. Tentakulaten, Binnenatmer u. Pfeilwürmer von *S. Jaeckel*. 100 S., 46 Abb. 1955 *(441)*
Schwämme und Hohltiere von *H. J. Hannemann*. 95 S., 80 Abb. 1956 *(442)*
Krebse von *H. E. Gruner* und *K. Deckert*. 114S., 43Abb. 1956 *(443)*
Einzeller, Protozoen von *E. Reichenow*. 115 S., 59 Abb. 1956 *(444)*
Vergleichende Physiologie der Tiere von *K. Herter*. 2 Bde. 3. Aufl. der „Tierphysiologie".
I: Stoff- und Energiewechsel. 155 S., 64 Abb. 1950 *(972)*
II: Bewegung und Reizerscheinungen. 148 S., 110 Abb. 1950 *(973)*

Land- und Forstwirtschaft

Landwirtschaftliche Tierzucht. Die Züchtung und Haltung der landwirtschaftlichen Nutztiere von *H. Vogel*. 139 S., 11 Abb. 1952 *(228)*
Kulturtechnische Bodenverbesserungen von *O. Fauser*. 2. Bde. 4., neubearb. Aufl.
I: Allgemeines, Entwässerung. 122 S., 47 Abb. 1947 *(691)*
II: Bewässerung, Ödlandkultur, Umlegung. 150 S., 67 Abb. 1949 *(692)*
Agrikulturchemie von *K. Scharrer*. 2 Bde.
I: Pflanzenernährung. 143 S. 1953 *(329)*
II: Futtermittelkunde. 192 S. 1956 *(330/330a)*

Geologie, Mineralogie Kristallographie

Geologie von *F. Lotze*. 176 S., 80 Abb. 1955 *(13)*
Mineral- und Erzlagerstättenkunde von *H. Huttenlocher*†. 2 Bde.
I: 128 S., 34 Abb. 1954 *(1014)*
II: 156 S., 48 Abb. 1954 *(1015/1015a)*
Allgemeine Mineralogie. 10., erw. Aufl. der „Mineralogie" von *R. Brauns*† und *K. F. Chudoba*. 120 S., 120 Fig., 1 Taf., 3 Tab. 1958 *(29)*
Spezielle Mineralogie. 9., erw. Aufl. der „Mineralogie" von *R. Brauns*† und *K. F. Chudoba*. 133 S., 105 Fig. 1955 *(31)*
Petrographie (Gesteinskunde) von *W. Bruhns*† und *P. Ramdohr*. 4., durchges. Aufl. 104 S., 10 Fig. 1955 *(173)*
Kristallographie von *W. Bruhns*† und *P. Ramdohr*. 4. Aufl. 106 S., 163 Abb. 1954 *(210)*
Einführung in die Kristalloptik von *E. Buchwald*. 4., verb. Aufl. 138 S., 121 Fig. 1952 *(619)*
Lötrohrprobierkunde. Mineraldiagnose mit Lötrohr- und Tüpfelreaktion. Von *M. Henglein*. 3., verb. Aufl. 91 S., 11 Fig. 1949 *(483)*

Technik

Graphische Darstellung in Wissenschaft und Technik von *M. Pirani*. 3., erw. Aufl. bearb. von *J. Fischer* unter Benutzung der von *I. Runge* bes. 2. Aufl. 216 S., 104 Abb. 1957 *(728/728a)*

Elektrotechnik

Grundlagen der allgemeinen Elektrotechnik von *O. Mohr*. 3 Bde.
I: Die drei Feldformen. 96 S., 41 Abb., 6 Taf. 1956 *(196)*
II: Die wichtigsten elektr. und phys. Grunderscheinungen. 95 S., 36 Abb., 7 Taf. 1956 *(197)*
III: Schaltvorgänge, Widerstandsformen, Meßtechnik. 91 S., 59 Abb., 1 Taf. 1956 *(198)*
Die Gleichstrommaschine von *K. Humburg*. 2 Bde. 2., durchges. Aufl.

I: 102 S., 59 Abb. 1956 *(257)*
II: 101 S., 38 Abb. 1956 *(881)*
Die synchrone Maschine von *K. Humburg.* Neudr. 109 S., 78 Abb. 1951 *(1146)*
Induktionsmaschinen von *F. Unger.* 2., erw. Aufl. 142 S., 49 Abb. 1954 *(1140)*
Die komplexe Berechnung von Wechselstromschaltungen von *H. H. Meinke.* 2. Aufl. 180 S., 120 Abb. 1957 *(1156/1156a)*
Theoretische Grundlagen zur Berechnung der Schaltgeräte von *F. Kesselring.* 3. Aufl. 144 S., 92 Abb. 1950 *(711)*
Einführung in die Technik selbsttätiger Regelungen von *W. zur Megede.* 174 S., 86 Abb. 1956 *(714/714a)*
Elektromotorische Antriebe (Grundlagen für die Berechnung) von *A. Schwaiger.* 3., neubearb. Aufl. 96 S., 34 Abb. 1952 *(827)*
Technische Tabellen und Formeln von *W. Müller.* 4., verb. und erw. Aufl. von *E. Schulze.* 152 S., 105 Fig. 1951 *(579)*
Überspannungen und Überspannungsschutz von *G. Frühauf.* Durchges. Neudr. 122 S., 98 Abb. 1950 *(1132)*

Maschinenbau

Metallkunde von *H. Borchers.* 2 Bde. 3. Aufl.
I: Aufbau der Metalle und Legierungen. 120 S., 90 Abb., 2 Tab. 1956 *(432)*
II: Eigenschaften, Grundzüge der Form und Zustandsgebung. 154 S., 100 Abb., 8 Tab. 1957 *(433)*
Die Werkstoffe des Maschinenbaues von *H. Thum*† und *C. M. von Meysenbug.* 2 Bde.
I: Einführung in die Werkstoffprüfung. 2., neubearb. Aufl. 100 S., 7 Tab., 56 Abb. 1956 *(476)*
Dynamik von *W. Müller.* 2 Bde. 2., verb. Aufl.
I: Dynamik des Einzelkörpers. 128 S., 48 Fig. 1952 *(902)*
II: Systeme von starren Körpern. 102 S., 41 Fig. 1952 *(903)*
Technische Schwingungslehre von *L. Zipperer.* 2 Bde. 2., neubearb. Aufl.
I: Allgemeine Schwingungsgleichungen, einfache Schwinger. 120 S., 101 Abb. 1953 *(953)*
II: Torsionsschwingungen in Maschinenanlagen. 102 S., 59 Abb. 1955 *(961/961a)*
Werkzeugmaschinen für Metallbearbeitung von *K. P. Matthes.* 4 Bde.
I: 100 S., 27 Abb., 11 Zahlentaf., 1 Tafelanh. 1954 *(561)*
II: Fertigungstechnische Grundlagen der neuzeitlichen Metallbearbeitung. 101 S., 30 Abb., 5 Taf. 1955 *(562)*
Transformatoren von *W. Schäfer.* 3., überarb. u. erg. Aufl. 130 S., 73 Abb. 1957 *(952)*
Das Maschinenzeichnen mit Einführung in das Konstruieren von *W. Tochtermann.* 2 Bde. 4. Aufl.
I: Das Maschinenzeichnen. 156 S., 77 Taf. 1950 *(589)*
II: Ausgeführte Konstruktionsbeispiele. 130 S., 58 Taf. 1950 *(590)*
Die Maschinenelemente von *E. A. vom Ende.* 3., verb. Aufl., 166 S., 175 Fig., 9 Taf. 1956 *(3/3a)*
Maschinen der Eisenhüttenwerke von *L. Engel.* 156 S., 95 Abb. 1957 *(583/583a)*
Walzwerke von *H. Sedlaczek* unter Mitarbeit von *F. Fischer* und *M. Buch.* 232 S., 157 Abb. 1958 *(580/580a)*
Getriebelehre von *P. Grodzinski* †. 2 Bde. 2., neubearb. Aufl.
I: Geometrische Grundlagen. 159 S., 142 Fig. 1953 *(1061)*
Gießereitechnik von *H. Jungbluth.* 2 Bde.
I: Eisengießerei. 126 S., 44 Abb. 1951 *(1159)*
Die Dampfkessel und Feuerungen einschließlich Hilfseinrichtungen in Theorie, Konstruktion und Berechnung von *W. Marcard*†. 2 Bde. 2. Aufl., neubearb. von *K. Beck.*
I: Die theoretischen Grundlagen, Wärme, Verbrennung, Wärmeübertragung. 150 S., 42 Abb., 16 Tab. 1951 *(9)*
II: Dampfkessel. 147 S., 43 Abb. 1952 *(521)*
Dampfturbinen, ihre Wirkungsweise, Berechnung und Konstruktion von *C. Zietemann.* 3 Bde. 3., verb. Aufl.

I: Theorie der Dampfturbinen. 139 S., 48 Abb. 1955 *(274)*
II: Die Berechnung der Dampfturbinen und die Konstruktion der Einzelteile. 132 S., 111 Abb. 1956 *(715)*
III: Die Regelung der Dampfturbinen, die Bauarten, Turbinen für Sonderzwecke, Kondensationsanlagen. 126 S., 90 Abb. 1956 *(716)*
Verbrennungsmotoren von *W. Endres*. 3 Bde.
I: Überblick, Motor-Brennstoffe, Verbrennung im Motor allgemein, im Otto- und Diesel-Motor. 153 S., 57 Abb. 1957 *(1076/1076a)*
Technische Thermodynamik von *W. Nußelt*. 3 Bde.
I: Grundlagen. 4., verb. Aufl. 144 S., 71 Abb. 1956 *(1084)*
II: Theorie der Wärmekraftmaschinen. Neudr. 144 S., 87 Abb., 32 Zahlentaf. 1951 *(1151)*
Autogenes Schweißen und Schneiden von *H. Niese*. 5. Aufl., neubearb. von *A. Küchler*. 136 S., 71 Fig. 1954 *(499)*
Die elektrischen Schweißverfahren von *H. Niese*. 2. Aufl., neubearb. von *H. Dienst*. 136 S., 58 Abb. 1955 *(1020)*
Hebezeuge. Entwurf von Winden und Kranen von *G. Tafel*. 2., verb. Aufl. 176 S., 230 Fig. 1954 *(414/414a)*

Wasserbau

Wasserkraftanlagen von *A. Ludin* u. Mitarb. v. *W. Borkenstein*. 2 Bde.
I: Planung, Grundlagen und Grundzüge. 124 S., 60 Abb. 1955 *(Bd. 665)*
II: Anordnung und Ausbildung der Hauptbauwerke. 184 S., 91 Abb. 1958 *(666/666a)*
Verkehrswasserbau von *H. Dehnert*. 3 Bde.
I: Entwurfsgrundlagen, Flußregelungen. 103 S., 52 Abb. 1950 *(585)*
II: Flußkanalisierung und Schiffahrtskanäle. 94 S., 60 Abb. 1950 *(597)*
III: Schleusen und Hebewerke. 98 S., 70 Abb. 1950 *(1152)*
Wehr- und Stauanlagen von *H. Dehnert*. 134 S., 90 Abb. 1952 *(965)*
Talsperren von *F. Tölke*. 122 S., 70 Abb. 1953 *(1044)*

Hoch- und Tiefbau

Die wichtigsten Baustoffe des Hoch- und Tiefbaus von *O. Graf*. 4., verb. Aufl. 131 S., 63 Abb. 1953 *(984)*
Baustoffverarbeitung und Baustellenprüfung des Betons von *A. Kleinlogel*. 2., neubearb. und erw. Aufl. 126 S., 35 Abb. 1951 *(978)*
Festigkeitslehre. 2 Bde.
I: Elastizität, Plastizität und Festigkeit der Baustoffe und Bauteile von *W. Gehler*† und *W. Herberg*. Durchges. und erw. Neudr. 159 S., 118 Abb. 1952 *(1144)*
II: Formänderung, Platten, Stabilität und Bruchhypothesen von *W. Herberg* und *N. Dimitrov*. 187 S., 94 Abb. 1955 *(1145/1145a)*
Grundlagen des Stahlbetonbaus von *A. Troche*. 2., neubearb. und erw. Aufl. 208 S., 75 Abb., 17 Bemessungstaf., 20 Rechenbeisp. 1953 *(1078)*
Statik der Baukonstruktionen von *A. Teichmann*. 4 Bde.
I: Grundlagen. 100 S., 51 Abb., 8 Formeltaf. 1956 *(119)*
II: Statisch bestimmte Stabwerke. 107 S., 52 Abb., 7 Taf. 1957 *(Bd. 120)*
III: Statisch unbestimmte Systeme. 112 S., 33 Abb., 7 Formeltaf. 1958 *(122)*
Fenster, Türen, Tore aus Holz und Metall. Eine Anleitung zu ihrer guten Gestaltung, wirtschaftlichen Bemessung und handwerksgerechten Konstruktion von *W. Wickop*. 4., überarb. und erg. Aufl. 155 S., 95 Abb. 1955 *(1092)*
Heizung und Lüftung von *J. Körting*† und *W. Körting*. 2 Bde.
I: Das Wesen und die Berechnung der Heizungs- und Lüftungsanlagen. 8., neubearb. Aufl. 140 S., 29 Abb., 18 Zahlentaf. 1951 *(342)*
II: Die Ausführung der Heizungs- und Lüftungsanlagen. 9. Aufl. 1958. In Vorb. *(343)*
Industrielle Kraft- und Wärmewirtschaft von *F. A. F. Schmidt* u. *A. Beckers*. 167 S., 73 Abb. 1957 *(318/318a)*

SAMMLUNG GÖSCHEN/BANDNUMMERNFOLGE

1 Langosch, Der Nibelunge Nôt
3/3a v. Ende, Die Maschinenelemente
9 Marcard-Beck, Dampfkessel I
10 Jiriczek-Wisniewski, Kudrun- und Dietrichepen
13 Lotze, Geologie
18 Maurer, Hartmann v. Aue
19 Altheim, Röm. Geschichte I
20 Hofstaetter-Spree, Dt. Sprachl.
29 Brauns-Chudoba, Allg. Mineralogie
30 Eckert-Greifendorff-Kleffner, Kartenkunde
31 Brauns-Chudoba, Spez. Mineralogie
35 Treue, Dt. Geschichte von 1648 bis 1740
37 Klemm, Anorganische Chemie
38/38a Schlenk, Organ. Chemie
39 Treue, Dt. Geschichte von 1713 bis 1806
42 Behn, Vorgeschichte Europas
47 Fischer, Arithmetik
51/51a Ringleb-Bürklen, Mathematische Formelsammlung
59 Krahe, Indogerm. Sprachwiss.
60 Biehle, Stimmkunde
61 Biehle, Redetechnik
65/65a Grotemeyer, Anal. Geom.
66 Berneker-Vasmer, Russische Grammatik
71 Schulze, Allg. u. phys. Chemie I
76 Döring, Einf. i. d. theoret. Physik I
77 Döring, – II
78 Döring, – III
79 Hempel, Gotisches Elementarb.
80 Weigert, Stilkunde I
96 Hartmann, Einf. i. d. allgem. Biologie
99 Hessenberg-Kneser, Ebene und sphär. Trigonometrie
101 v. Wiese, Soziologie
103 Dahrendorf, Industrie- und Betriebssoziologie
104/104a Hofstätter, Sozialpsychologie
111 Hoffmann-Debrunner, Gesch. d. griechischen Sprache I
114 Debrunner, — II
117 Brandenstein, Griechische Sprachwissenschaft I
119 Teichmann, Statik der Baukonstruktionen I
120 Teichmann, - II
122 Teichmann, - III
125 Vossler, Ital. Literaturgesch.
128/128a Lausberg, Romanische Sprachwissenschaft I
136 Mahler, Physikalische Formelsammlung
141 Geitler, Morphol. der Pflanzen
142 Haack, Darst. Geometrie I
143 Haack, — II
144 Haack, — III
145 Weimer, Gesch. der Pädagogik
156/156a Landmann, Philosophische Anthropologie
170 Oehlmann, Musik des 19. Jahrh.
171/171a Oehlmann, Musik des 20. Jahrhunderts
173 Bruhns-Ramdohr, Petrographie
180 Böhm, Versicherungsmath. I
184 Blümcke, Textilindustrie I
196 Mohr, Grundlagen d. Elektrotechnik I
197 Mohr, – II
198 Mohr, – III
200/200a Gottschald, Dt. Rechtschreibungswörterbuch
210 Bruhns-Ramdohr, Kristallographie
220/220a Moser, Allg. Musiklehre
221/221a Jander-Jahr, Maßanalyse
222 Hassak-Beutel, Warenkunde I
223 Hassak-Beutel, – II
226 Hofmann, Geschichte der Mathematik I
228 Vogel, Landw. Tierzucht
231/231a Ehrlich, Geschichte Israels
238 Krahe, German. Sprachwiss. I
243 Mahler, Physikal. Aufgabenslg.
247 Hoppe, Analytische Chemie I
248 Hoppe, – II
250 Lausberg, Roman. Sprachwissenschaft II
252 Dassler, Elektrochemie I
253 Dassler, – II
256 Haussner, Aufgabensamml. zur analyt. Geometrie der Ebene
257 Humburg, Die Gleichstrommaschine I
264 Lockemann, Geschichte der Chemie I
265/265a Lockemann, – II
270 Kirn, Einführung in die Geschichtswissenschaft
274 Zietemann, Dampfturbinen I

280 Jacob, Quellenkunde der deutschen Geschichte II
281 Leisegang, Einführung in die Philosophie
284 Jacob-Weden, Quellenkunde der deutschen Geschichte III
318/318a Schmidt, Industrielle Kraft- und Wärmewirtschaft
319 Krug, Australien und Ozeanien
329 Scharrer, Agrikulturchemie I
330/330a Scharrer, – II
335 Braun-Klug, Fette und Öle
336 Braun-Klug, Seifenfabrikation
342 Körting, Heizung und Lüftung I
343 Körting, – II
344 Moser, Musikästhetik
354/354a Valentiner, Vektoren
355 Neger-Münch, Nadelhölzer
356 Lüdemann, Fische
374 Döring, Einf. in die theoret. Physik IV
375 Preller, Geschichte Englands I
389/389a Diels-Mattick, Pflanzengeographie
394/394a Schilling, Von der Renaissance bis Kant
414/414a Tafel, Hebezeuge I
422 Gottschald, Deutsche Personennamen
423 Adler, Fünfstell. Logarithmen
432 Borchers, Metallkunde I
433 Borchers, — II
439 Jaeckel, Würmer
440 Jaeckel, Weichtiere
441 Jaeckel, Stachelhäuter
442 Hannemann, Schwämme und Hohltiere
443 Gruner-Deckert, Krebse
444 Reichenow, Einzeller
445 Asmus, Physikal.-Chem. Rechenaufgaben
452 Bahrdt-Scheer, Stöchiometrische Aufgabensammlung
468 Werkmeister, Vermessungskunde I
469 Werkmeister, — II
476 Thum-Meysenbug, Die Werkstoffe des Maschinenbaus I
483 Henglein, Lötrohrprobierkunde
492 Stolz-Debrunner, Geschichte der lateinischen Sprache
499 Niese, Autogen. Schweißen
500 Simmel, Hauptprobleme der Philosophie
521 Marcard-Beck, Dampfkessel II
536 Lehmann, Kant
538 Rumpf, Archäologie I
539 Rumpf, Archäologie II
561 Matthes, Werkzeugmaschinen I
562 Matthes, – II
564 Behn, Kultur der Urzeit I
565 Behn, – II
566 Behn, – III
571 Lehmann, Philosophie des 19. Jahrhunderts I
576/576a Moser, Gesangskunst
579 Müller-Schulze, Techn. Tabellen
580/580a Sedlaczek, Walzwerke
583/583a Engel, Maschinen der Eisenhüttenwerke
585 Dehnert, Verkehrswasserbau I
589 Tochtermann, Maschinenzeichnen I
590 Tochtermann, – II
594 Lengerken, Insekten
597 Dehnert, Verkehrswasserbau II
601 Mutschmann, Engl. Phonetik
619 Buchwald, Kristalloptik
665 Ludin, Wasserkraftanlagen I
666/666a Ludin, — II
668 Knopp, Funktionentheorie I
677 Altheim, Röm. Geschichte II
679 Altheim, — III
691 Fauser, Kulturtechn. Bodenverbesserungen I
692 Fauser, – II
698/698a Schulze, Allgemeine und physikalische Chemie II
703 Knopp, Funktionentheorie II
709 Lehmann, Philosophie des 19. Jahrhunderts II
711 Kesselring, Berechnung der Schaltgeräte
714/714a zur Megede, Einf. in die Technik selbsttät. Regelungen
715 Zietemann, Dampfturbinen II
716 Zietemann, – III
718 Neger-Münch, Laubhölzer
728/728a Pirani, Graph. Darstellung
735 Ekwall, Historische neuengl. Laut- und Formenlehre
763/763a Beer-Meyer, Hebräische Grammatik I
764/764a Beer-Meyer, – II
768/768a Bieberbach, Einführung in die konforme Abbildung
780 Krahe, Germ. Sprachwiss. II
781 Weigert, Stilkunde II
786 Schulze, Molekülbau
807 Kropp, Erkenntnistheorie I
809 Moser, Harmonielehre I
826 Koch, Philosophie des Mittelalters

827 Schwaiger, Elektromotorische Antriebe
831 Erismann, Allg. Psychologie I
837/837a Baumgartner, Gruppentheorie
845 Lehmann, Philosophie im ersten Drittel des 20. Jahrh. I
847 Herter, Lurche
851/851a Moede, Psychologie des Berufs- und Wirtschaftslebens
857 Capelle, Griech. Philosophie I
858 Capelle, — II
859 Capelle, — III
862 Werkmeister, Vermessungskunde III
863 Capelle, Griech. Philosophie IV
875 Hofmann, Gesch. d. Math. II
877 Knopp, Aufgabensammlung zur Funktionentheorie I
878 Knopp, — II
881 Humburg, Gleichstrommaschine II
882 Hofmann, Gesch. d. Math. III
902 Müller, Dynamik I
903 Müller, — II
910 Jaeger, Afrika I
911 Jaeger, — II
915 Sperber-Fleischhauer, Gesch. der deutschen Sprache
917/917a Böhm, Versicherungsmathematik II
920 Hoheisel, Gewöhnliche Differentialgleichungen
921 Jantzen-Kolb, W. v. Eschenbach. Parzival
929 Schirmer, Dt. Wortkunde
930 Krull, Elementare und klassische Algebra I
931 Hasse, Höhere Algebra I
932 Hasse, — II
933 Krull, Elementare und Klassische Algebra II
952 Schäfer, Transformatoren
953 Zipperer, Techn. Schwingungslehre I
961/961a Zipperer, — II
965 Dehnert, Wehr- und Stauanl.
970 Baldus-Löbell, Nichteuklid. Geometrie
972 Herter, Tierphysiologie I
973 Herter, — II
978 Kleinlogel, Baustoffverarb. u. Baustellenprüf. des Betons
984 Graf, Die wichtigsten Baustoffe des Hoch- u. Tiefbaus
999/999a Kamke, Mengenlehre
1000 Jaspers, Geistige Situation
1003 Hoheisel, Partielle Differentialgleichungen
1008 Mellerowicz, Allgemeine Betriebswirtschaftslehre I
1009 Bechert-Gerthsen, Atomphysik I
1014 Huttenlocher, Mineral- und Erzlagerstättenkunde I
1015/1015a Huttenlocher, - II
1017 Döring, Einf. i. d. theoret. Physik V
1020 Niese-Dienst, Elektr. Schweißverfahren
1031/1031a Apel, Philosophisches Wörterbuch
1033 Bechert-Gerthsen, Atomphysik II
1034 Kranefeldt, Therapeutische Psychologie
1035 Altheim, Röm. Religionsgeschichte I
1039 Dovifat, Zeitungslehre I
1040 Dovifat, — II
1044 Tölke, Talsperren
1045 Schubert, Technik des Klavierspiels
1051/1051a Stolberg-Wernigerode, Gesch. der Verein. Staaten von Amerika
1052 Altheim, Röm. Religionsgeschichte II
1057 Roth, Thermochemie
1059 Hoheisel, Aufgabensammlung zu den gewöhnl. und partiellen Differentialgleichungen
1061 Grodzinski, Getriebelehre I
1065 Haller, Von den Karolingern zu den Staufern
1070 Sauter, Differentialgleichungen der Physik
1076/1076a Endres, Verbrennungsmotoren I
1078 Troche, Stahlbetonbau
1082 Hasse-Klobe, Aufgabensamml. zur Höheren Algebra
1084 Nußelt, Technische Thermodynamik I
1085 Lietzmann, Zeitrechnung
1086 Müller, Dt. Dichten u. Denken
1088 Preller, Geschichte Englands II
1092 Wickop, Fenster, Türen, Tore
1094 Hernried, System. Modulation
1096 Viëtor, Dt. Dichten und Denken
1099 Hoheisel, Integralgleichungen

AUTORENREGISTER

Printed in Germany

Überreicht durch:

Wenn einer, der mit Mühe kaum
Gekrochen ist auf einen Baum,

Schon meint, daß
er ein Vogel wär,

So irrt sich der.

Wilhelm Busch

EIN SCHACHBUCH HILFT WEITER!

Von A–Z

Anfangsregeln und Grundzüge

Aller Anfang ist schwer — und ein Schachbuch für Anfänger soll deshalb nicht zuviel von dem Lernenden verlangen und nicht zu schwierige Probleme aufwerfen: »Mein erstes Schachbuch« ist schon aus diesem Grunde geeignet, das Interesse an allen Zweigen des Schachspiels wachzuhalten und zur weiteren Beschäftigung mit dem königlichen Spiel anzuregen. Arbeit verlangt zwar Brinckmanns »Lehrbuch des Schachspiels« von dem neugewonnenen Schachfreund; aber seine klare und übersichtliche Darstellungsweise hält den Leser bis zum Schluß gefangen und macht ihn allmählich zu einem wirklichen Schachspieler. »Von A bis Z« führt Exweltmeister Dr. Euwe in seiner gediegenen und gründlichen Art durch alle Belange der Schachpartie — ein unübertreffliches Lehrbuch für alle die, die es ernst mit dem Schachstudium meinen und mehr wissen wollen als die Grundwahrheiten. Einteilung und Durchführung verraten den großen Pädagogen.

K. RICHTER, *Mein erstes Schachbuch*

Ein Ratgeber für Anfänger. 4. Auflage. Oktav. Mit zahlreichen Stellungsbildern. 91 Seiten. 1956. Kartoniert DM 4,80

„Diese Neuauflage des Erstlingswerkes des bekannten Verfassers . . . führt in einfacher und mustergültiger Form den Anfänger in die Kunst des Schachspiels ein.“ Schachecho

A. BRINCKMANN, *Lehrbuch des Schachspiels*

3., völlig neubearbeitete Auflage. Oktav. Mit 173 Diagrammen. VIII, 160 Seiten. 1952. Kartoniert DM 6,40

Walter de Gruyter & Co.

„Der bekannte Stil Brinckmanns, der es versteht, die als trocken verrufene Materie der Schachtheorie in jedem seiner Aufsätze und Werke dem Leser ‚mundgerecht' zu machen, zeichnet dieses Buch besonders aus."

Fränkische Nachrichten

M. EUWE, *Schach von A—Z*

Deutsche Bearbeitung von Kurt Richter. Oktav. Mit 262 Diagrammen. Etwa 200 Seiten. 1958. In Vorbereitung.

Ideen und Kombinationen

für Fortgeschrittene

Der große Ideengehalt des Schachspiels verlangt gebieterisch nach eingehender Gestaltung. Da tritt wieder Dr. Euwe mit zwei wertvollen Büchern auf den Plan: in » Positions- und Kombinationsspiel « erläutert er die höhere Strategie der Bauernführung, und in » Urteil und Plan « gibt er dem Lernenden meisterliche Winke zur Stellungsbeurteilung und Planbildung an die Hand. Wieder von anderer Art ist Eduard Laskers Standardwerk » Moderne Schachstrategie «, an dem schon unsere Väter ihre höhere Schachauffassung heranbildeten. 6 Auflagen (davon die letzte modernisiert) sprechen für sich. Optisch Schach zu lehren, bemüht sich K. Richter in seinen Büchern » Der Schachpraktiker, Schachmatt und Kombinationen «. Anhand einprägsamer Beispiele wird die Theorie aus der Praxis heraus entwickelt und in dem Lernenden das Schachgefühl geweckt. Er lernt Kombinationen sehen und verstehen.

M. EUWE, *Positions- und Kombinationsspiel im Schach*

2. Auflage. Oktav. Mit 132 Diagrammen. 109 Seiten. 1955.
Kartoniert DM 5,80

„Dieses Buch gehört zu den Rosinen in der Schachliteratur. Es ist für Lernende und Fortgeschrittene in gleichem Maße gewinnbringend." Rotenburger Kreiszeitung

M. EUWE, *Urteil und Plan im Schach*

Oktav. Mit 168 Diagrammen. VIII, 168 Seiten. 1956. Kartoniert DM 8,40

„Ein neues Lehrbuch des holländischen Exweltmeisters. Das Urteil über die Stellung und daraus den richtigen Plan fassen zu lernen, das ist es, was ... hier in anschaulicher Form von Dr. Euwe dem Leser doziert wird."

Der Nußknacker

ED. LASKER, *Moderne Schachstrategie*

6., völlig umgearbeitete Auflage. Herausgegeben von Rudolf Teschner und Kurt Richter. Oktav. Mit 178 Diagrammen. VI, 171 Seiten. 1955. Kartoniert DM 9,80

„Dieses Buch, in dem die allgemeinen schachstrategischen Gesetze entwickelt werden, hat schon vielen Spielern zur Meisterstärke verholfen. Die neue Auflage ist vollständig neu bearbeitet und modernisiert worden." Freie Presse

K. RICHTER, *Der Schachpraktiker*

Ein Wegweiser für Lernende. 3., verbesserte Auflage. Oktav. Mit zahlreichen Stellungsbildern. 84 Seiten. 1953. Kartoniert DM 3,80

„Das Buch ist eine Fundgrube überraschender schachlicher Gedankenblitze und ideenreicher Kombinationen."

Heim und Werk

K. RICHTER, *Schachmatt*

Eine lehrreiche Plauderei für Fortgeschrittene über den Mattangriff im Schach. 2. Auflage. Oktav. Mit zahlreichen Diagrammen. Etwa 100 Seiten. 1958. Kartoniert etwa DM 7,80

Walter de Gruyter & Co.

„Richter ist der Feuilletonist unter den Schachautoren. Er versteht es, die verwickeltesten Probleme gleichsam im Plauderton verständlich zu machen.“ dpa, Hamburg

K. RICHTER, *Kombinationen*

Eine planmäßig geordnete und eingehend erläuterte Sammlung von 356 Mittelspielstellungen im Schach. 3., verbesserte Auflage. Oktav. Mit 335 Voll und 55 Teildiagrammen. 148 Seiten. 1955. Ganzleinen DM 8,50

„Dem Leser bietet das Werk zweierlei: Belehrung und, dank der faszinierenden Schreibweise Kurt Richters, recht viel Unterhaltung.“ Schweizerische Schachzeitung

Der kleine Bilguer

Theorie und Praxis

Guter Anfang ist halbe Arbeit — auch für Schachspieler. Von großer Wichtigkeit sind daher systematische Darstellungen der Eröffnungszüge. Eine grundlegende Übersicht vermittelt hier Richter/Teschner »Schacheröffnungen« mit klar herausgearbeiteten Gedanken der einzelnen Spielanfänge und praktischen Partiebeispielen. Snosko-Borowsky »Eröffnungsfallen am Schachbrett« erläutert ein nicht minder bedeutsames Teilthema lehrreicher Reinfälle in der Eröffnung, ihre Ausnutzung und ihre Vermeidung. In Vorbereitung ist Löwenfisch/Smyslow's Buch »Theorie der Turmendspiele«, die nächst den Bauernendspielen zu den interessantesten Schlußspielen gehören. Der einstige Weltmeister Capablanca verdankte nach eigenen Aussagen dem Studium von mehr als 1000 Turmendspielen einen großen Teil seiner ungewöhnlichen Spielstärke.

Berlin W 35

RICHTER/TESCHNER, *Schacheröffnungen (Der kleine Bilguer)*

Theorie und Praxis. 2., nach dem neuesten Stand der Theorie verbesserte Auflage. Oktav. Mit mehr als 100 ausgewählten Partien. VI, 210 Seiten. 1957. Kartoniert DM 9,80

„Der Untertitel des Buches besagt das Wesentliche über seinen Aufbau. Die mannigfaltigen, von den beiden Berliner Meistern sorgfältig zusammengestellten Eröffnungen und Varianten sind mit über 100 Partienbeispielen untermalt." Schweizerische Schachzeitung

E. SNOSKO-BOROWSKY, *Eröffnungsfallen am Schachbrett*

3., verbesserte Auflage. Neubearbeitet unter Mitwirkung von Rudolf Teschner. Oktav. Mit 221 Beispielen und 88 Diagrammen. 123 Seiten. 1957. DM 6,80

„Die Tatsache, daß dieses Werk ein Bestseller unter den Schachbüchern ist, daß schon nach 2 1/2 Jahren eine Neuauflage notwendig wurde, spricht für sich." Schachecho

LÖWENFISCH/SMYSLOW, *Theorie der Turmendspiele*

Aus dem Russischen übersetzt und herausgegeben von Dr. H. Lehmann. In Vorbereitung.

Von Wunderkindern und Großmeistern

Biographien und Erinnerungen

Der Schachliebhaber möchte nicht nur lernen und studieren, sondern sich auch über die Laufbahn und Leistungen der großen Meister des Schachspiels unterrichten. Dr. Aljechin, einer der genialsten Spieler aller Zeiten, schildert »Auf dem Wege zur Weltmeisterschaft« die psychologische Einstellung auf seinen gewaltigen Gegner Capablanca und seinen schließlichen Sieg. Unübertrefflich sind die Glossen Aljechins zu seinen eigenen Partien.

Walter de Gruyter & Co.

Hochinteressant ist in diesem Zusammenhang Reshevskys objektive Schilderung seiner Schachlaufbahn vom Wunderkind zum Großmeister. Auch er ist ein hervorragender Interpret eigener Partien. Seine allgemeinen Betrachtungen sind ebenfalls sehr lehrreich. A. Brinckmann würdigt den vor einigen Jahren verstorbenen »Großmeister Bogoljubow«, der zwar im Wettkampf mit Aljechin unterlag, aber zu den größten Meistern der Neuzeit zählt. Dem Gedenken Klaus Junges, dem hoffnungsvollsten deutschen Nachwuchstalent der Kriegszeit, mit nur kurzer, aber umso glänzenderer Laufbahn ist Budrich/Schultes sehr empfehlenswertes Büchlein »Das war Klaus Junge« gewidmet. Carl Carls, der Schöpfer der Bremer Partie, hat viele schöne Partien gespielt, die in dem von K. Richter bearbeiteten Buch lebendig werden. Gleichzeitig vermittelt der Rückblick auf Carls' Schachlaufbahn interessante historische Eindrücke.

A. ALJECHIN (Alekhine), *Auf dem Wege zur Weltmeisterschaft* (1923—1927)

2. Auflage. Oktav. Mit 100 Partien und 173 Diagrammen. VIII, 226 Seiten. 1955. Kartoniert DM 9,80

„Auf dem Wege zur Weltmeisterschaft ist in besonderem Maße bezeichnend für das Schaffen Aljechins überhaupt. Das Buch liest sich beinahe romanhaft."

Schweizerische Schachzeitung

S. RESHEVSKY, *Meine Schachkarriere*

Mit 80 ausgewählten Partien. Oktav. 210 Seiten. 1957. Kartoniert DM 12,80

„... sehr aufschlußreich in vieler Beziehung für den Schachleser sind die Schilderungen über die einzelnen Turniere und Begegnungen mit den Großen wie Aljechin, Capablanca, Lasker und Botwinnik. Am wertvollsten jedoch sind die Erläuterungen der 80 Partien." Der Nußknacker

A. BRINCKMANN, *Großmeister Bogoljubow*

Oktav. Mit zahlreichen Abbildungen und Stellungsbildern. 107 Seiten. 1953. Kartoniert DM 5,50

„Eine Sammlung der besten Partien des allseitig beliebten und geschätzten Großmeisters, in der vorzüglichen und zum Teil humorvollen Glossierungskunst Alfred Brinckmanns." Deutsche Nachrichten, Sao Paulo

BUDRICH / SCHULTE, *Das war Klaus Junge*

Partien und Aufzeichnungen. Gewidmet den jugendlichen Schachspielern in aller Welt. Oktav. 97 Seiten. 1956. Kartoniert DM 8,80

„Ein Erinnerungsbuch zum Gedächtnis des begabtesten deutschen Jungmeisters, der am 27. April 1945 mit 21 Jahren . . . fiel. In wenigen Jahren stieg er zur Weltklasse auf. Das Buch eignet sich vor allem für unsere Jugend zu Geschenkzwecken." Schachecho

K. RICHTER, *Carl Carls und die ‚Bremer Partie'*

60 Jahre Schacherinnerungen. Mit einer Vorrede von Alfred Brinckmann. Herausgegeben von Kurt Richter. Oktav. 113 Seiten und 2 Abbildungen. 1957. Kartoniert DM 7,80

„Das empfehlenswerte Buch . . . weiß dem Menschen und Schachmeister Carls ein seinen Leistungen und Verdiensten entsprechendes Denkmal zu setzen."

Aachener Volkszeitung

Preisgekrönte Schachpartien

Poesie und Prosa

In der Mitte zwischen Belehrung und Unterhaltung stehen Partiesammlungen nach verschiedenen Gesichtspunkten. Tiefschürfend sind des jetzigen Exweltmeisters Botwinniks Erläuterungen zu seinen Partien aus dem 1. Wettkampf mit Smyslow 1954, ein Genuß für Kenner. Dr. Tartakower, einer der amüsantesten Plauderer und geistreichsten Köpfe im Reiche Caissas, zeigt eine Anzahl seiner schönsten Partien mit originellen und witzigen Zwischentexten. Mit ungarischem Temperament führt uns der Budapester Experte W. Á. Földeák in die Zauberwelt der Glanzpartien mit ihren schönen Kombinationen — eine prächtige Unterhaltung. Ein gewisses Gegenstück dazu bringt A. Brinckmann in einer Sammlung prägnanter Kurzpartien, hier entlädt sich die Dramatik des Schachkampfes sozusagen mit explosiver Kraft. Ganz anders geartet ist das Buch über das größte Fernturnier der Nachkriegszeit: das »Dr. Dyckhoff Fernschach-Gedenkturnier«. Fernschachpartien großer Meister sind naturgemäß meist tiefer angelegt als Partien am Brett und ermöglichen deshalb Kombinationen, die man sonst kaum antreffen würde. Ähnliches gilt hier für die subtile Behandlung der Aufbauprobleme. Ein bedeutsames Werk.

M. M. BOTWINNIK, *Der Schachwettkampf Botwinnik—Smyslow* um die Weltmeisterschaft im Jahre 1954 in Moskau.

Deutsche Übersetzung von Dr. H. Lehmann. Oktav. 100 Seiten. 1957. Kartoniert DM 6,80

Die Arbeit Botwinniks, die hier als erste in deutscher Sprache vorgelegt wird — die vierundzwanzig ausführlich kommentierten Partien des Wettkampfes um die Weltmeisterschaft gegen Smyslow im Jahre 1954 — ist zugleich seine neueste.

TARTAKOWERS *Glanzpartien 1905—1930*

Eine Auswahl seiner besten Schachpartien aus den Jahren 1905—1930, von ihm selbst erläutert; zugleich ein unsystematisches Lehrbuch der Eröffnungsspiele und der allgemeinen Strategie. Oktav. 227 Seiten. 1956. Kartoniert DM 12,—

„In der vorliegenden Neuerscheinung findet sich eine Auswahl der besten Schachpartien des bekannten Meisters, das gleichzeitig ein Lehrbuch der Eröffnungstheorie, der Endspiele und allgemeinen Strategie genannt werden könnte." Union — Post

W. Á. FÖLDEÁK, *100 preisgekrönte Schachpartien*

Oktav. VIII, 135 Seiten. 1952. Kartoniert DM 6,80

„Wem die künstlerische Seite des Schachs besonders am Herzen liegt und wer sich beste schachliche Unterhaltung verschaffen will, der greife zu dem Werk." Freie Presse

A. BRINCKMANN, *Matt in zwanzig Zügen*

Einfälle und Reinfälle. Ein Lehr- und Lesebuch. Oktav. 70 Partien mit 72 Diagrammen. 87 Seiten. 1955. Kartoniert DM 6,80

„Für erprobte Schachspieler ein schachtheoretisch exakt durchdachtes, dabei erfrischend undogmatisches Nachspielheft." Bücherei und Bildung

Dr. DYCKHOFF

FERNSCHACH-GEDENKTURNIER 1954/1956

Herausgegeben von Hans-Werner von Massow und Eberhardt Wilhelm.

Mit 180 Diagrammen, 39 Fotos, 170 ausgew. Partien, Tabellen, Endspielregister, 246 Seiten. 1958. DM 12,80

Walter de Gruyter & Co.

Köstliche Seltenheiten

Rund um das Schachbrett

An Versuchen, dem ernsten Schachspiel auch eine lustige Seite abzugewinnen, hat es nicht gefehlt. Dr. Fabels Buch »Rund um das Schachbrett« bringt eine eigenartige Mischung von Abnormitäten des königlichen Spiels, Essays, Kompositionen und lustigen Zeichnungen — am Rande des Schachbretts. Köstliche Seltenheiten! In gewisser Weise ergänzt der Wiener Altmeister Dr. Krejcik in »Mein Abschied vom Schach« das Fabel'sche Werk. Witzige Probleme und geistreiche Partieendungen werden in gemütvollem Wiener Plauderton vorgetragen und mit nachdenklichen Erinnerungen gewürzt. Zwei Leckerbissen für Genießer! Weiter gespannt ist der Bogen in K. Richters »Kurzgeschichten um Schachfiguren«. Interessante Zusammenstellungen aus allen Gebieten des Schachspiels, teils unterhaltend, teils belehrend, mit mehr als 700 Diagrammen illustrieren die unerschöpflichen Möglichkeiten im Reiche Caïssas. Im wahren Sinne des Wortes ein Bilderbuch des Schachspiels und zugleich ein unmethodisches Lehrbuch des Mittelspiels!

K. FABEL, *Rund um das Schachbrett*

Amüsantes und Interessantes vom Schach. Oktav. Mit 6 Karikaturen. VIII, 137 Seiten. 1955. Kartoniert DM 8,60

„Das Buch kann jedem warm empfohlen werden, der nicht nur Partien gewinnen will, sondern auch Freude an der besinnlichen und unterhaltsamen Seite des Schachspiels hat.“ Pfälzer Tageblatt

J. KREJCIK, *Mein Abschied vom Schach*

Sterbliches und Unsterbliches aus der Mappe eines Wiener Altmeisters. Oktav. Mit 44 Partien, 40 Schlußspielen, 30 Endspielstudien, 17 Problemen, 27 Selbstmattaufgaben und 131 Stellungsbildern. 106 Seiten. 1955. Kartoniert DM 5,20

„Ein Erinnerungsbuch eines schon fast ehrwürdigen Zeugen einer glanzvollen Schachepoche und ein würdiger Abschied eines der letzten Romantiker aus Caissas buntem Reich."
Schachecho

K. RICHTER, *Kurzgeschichten um Schachfiguren*

Ein Bilderbuch des Schachspiels, zugleich ein Unterhaltungsbuch für alle Schachfreunde. Nach neuen Ideen zusammengestellt und bearbeitet. 2., verbesserte Auflage. Oktav. Mit mehr als 700 Diagrammen und nicht ganz so vielen Versen. 308 Seiten. 1955. Kartoniert DM 12,80

„Amüsantes und Belehrendes, Schwächen und Nachdenkliches sind zu einem bunten Cocktail der 64 Felder gemixt, den keiner mehr lassen kann, hat er erst einmal davon genippt."
Sonntagspost

Im Banne des Schachproblems

Fundgrube für Aufgabenfreunde

Die eben geschilderten drei Bücher enthalten zahlreiche schöne Schachaufgaben, sind jedoch keine ausgesprochenen ‚Problembücher'. Diese haben die weltbekannten Komponisten Kraemer/Zepler in ihren hervorragenden Problemsammlungen geschaffen, die eine Fundgrube für jeden Problemfreund bilden. Die Auswahl und Darstellung entspricht dem hohen Ruf der Verfasser. Methodischen Lehrwert hat Dr. Speckmanns Werk »Strategie im Schachproblem« anhand von 242 Diagrammen, den so beliebten Kleinaufgaben.

KRAEMER / ZEPLER, *Im Banne des Schachproblems*

Oktav. Mit zahlreichen Diagrammen. 158 Seiten. 1951. Kartoniert DM 6,80

„Die beiden Problem-Großmeister A. Kraemer und E. Zepler haben als prominenteste Vertreter der deutschen Problemkunst eine große Zahl auserwählter Schachaufgaben und Studien in diesem wertvollen Buch zusammengestellt.“ Kasseler Post

KRAEMER / ZEPLER, *Problemkunst im 20. Jahrhundert*

Ausgewählte Schachaufgaben. Oktav. 125 Seiten. 1957. Kartoniert DM 8,60

„Von ursprünglich 4000 Schachaufgaben jeder Problemrichtung haben die beiden berühmten Problemkomponisten etwa den zehnten Teil ausgesucht; . . . eine unerschöpfliche Fülle reifster Kunstwerke, eine wahre Fundgrube für jeden Problemfreund.“ Schachecho

W. SPECKMANN, *Strategie im Schachproblem*

erläutert an 242 Miniaturen. Oktav. Etwa 128 Seiten. 1958. Kartoniert etwa DM 8,40

Regeln und Systeme

für Vereinsfunktionäre unentbehrlich ist Brinckmann / Rellstab's »Turnier-Taschenbuch«, das alle wichtigen Regeln, Spielsysteme und Vorschriften des Weltschachbundes allgemeinverständlich aufführt und erläutert.

BRINCKMANN / RELLSTAB, *Turnier-Taschenbuch*

Klein-Oktav. 127 Seiten. 1954. Kartoniert DM 4,80

„Dieses Buch der bekannten Verfasser wird Turnierspielern und Turnierleitern bald unentbehrlich werden.“

Schachecho

Berlin W 35

Das Schachjahr begleitet:

„Die DEUTSCHE SCHACHZEITUNG war noch nie so lebhaft und vielseitig wie jetzt."
Ähnlich wie hier Alt-Großmeister Prof. Dr. Vidmar äußern sich auch andere anerkennende Stimmen aus dem In- und Ausland.
Wenn eine Schachzeitung Erfolg haben soll, muß sie wohl von Experten geschrieben werden, darf aber nicht nur für Experten bestimmt sein.

Für jeden etwas, *das ist die Devise der Redaktion, die sich nach besten Kräften und mit hervorragenden Mitarbeitern bemüht, die Zeitschrift anregend, unterhaltend und belehrend zu gestalten.*
Die immerhin etwas spröde Materie Schach aufgelockert und interessant darzubieten, ist gewiß nicht leicht. Überzeugen Sie sich bitte selbst, ob dies der DEUTSCHEN SCHACHZEITUNG gelungen ist, und fordern Sie ein kostenloses Probeheft an. Wir sind sicher, daß auch Sie bei dem vielseitigen und aktuellen Inhalt unserer traditionsreichen Zeitschrift auf Ihre Kosten kommen werden.

Jahresabonnement DM 12,—. Für Mitglieder DM 10,80.

107 Jahre Deutsche Schachzeitung verpflichten!

Walter de Gruyter & Co.

Bestellzettel

Hiermit bestelle ich aus dem Verlag Walter de Gruyter & Co., Berlin W 35, durch die Buchhandlung:

.... Expl.	Aljechin, Weltmeisterschaft	DM 9,80
.... Expl.	Botwinnik, Schachwettkampf 1954 Botwinnik-Smyslow	DM 6,80
.... Expl.	Brinckmann, Lehrbuch	DM 6,40
.... Expl.	—, Matt in 20 Zügen	DM 6,80
.... Expl.	—, Bogoljubow	DM 5,50
.... Expl.	— u. Rellstab, Turnier-Taschenbuch	DM 4,80
.... Expl.	Budrich-Schulte, Klaus Junge	DM 8,80
.... Expl.	Dyckhoff — Fernschach — Turnier	DM 12,80
.... Expl.	Euwe, Positions- und Kombinationsspiel	DM 5,80
.... Expl.	Euwe, Urteil und Plan	DM 8,40
.... Expl.	Euwe, Schach von A—Z	In Vorbereitung
.... Expl.	Fabel, Rund um das Schachbrett	DM 8,60
.... Expl.	Földeák, Schachpartien	DM 6,80
.... Expl.	Kraemer-Zepler, Schachprobleme	DM 6,80
.... Expl.	Kraemer-Zepler, Problemkunst	DM 8,60
.... Expl.	Krejcik, Abschied vom Schach	DM 5,20
.... Expl.	Lasker, Schachstrategie	DM 9,80

Berlin W 35

.... Expl.	Löwenfisch-Smyslow, Turmendspiele		In Vorbereitung
.... Expl.	Reshevsky, Schachkarriere		DM 12,80
.... Expl.	Richter, Erstes Schachbuch		DM 4,80
.... Expl.	Richter, Schachpraktiker		DM 3,80
.... Expl.	Richter, Schachmatt		DM 7,80
.... Expl.	Richter, Kombinationen	Ganzleinen	DM 8,50
.... Expl.	Richter, Carl Carls		DM 7,80
.... Expl.	Richter, Kurzgeschichten		DM 12,80
.... Expl.	Richter-Teschner, Schacheröffnungen		DM 9,80
.... Expl.	Snosko-Borowsky, Eröffnungsfallen		DM 6,80
.... Expl.	Speckmann, Strategie		In Vorbereitung
.... Expl.	Tartakowers Glanzpartien		DM 12,—
.... Expl.	Deutsche Schachzeitung		
	jährlich, zur Fortsetzung		DM 12,—
	Für Mitglieder von Schachvereinen		DM 10,80
	Einzelhefte		DM 1,30

Datum Name Anschrift

44/58

Wenn einer, der mit Mühe kaum
Gekrochen ist auf einen Baum,

Schon meint, daß
er ein Vogel wär,

So irrt sich der.

Wilhelm Busch

EIN SCHACHBUCH HILFT WEITER!

Von A-Z

Anfangsregeln und Grundzüge

Aller Anfang ist schwer — und ein Schachbuch für Anfänger soll deshalb nicht zuviel von dem Lernenden verlangen und nicht zu schwierige Probleme aufwerfen: »Mein erstes Schachbuch« ist schon aus diesem Grunde geeignet, das Interesse an allen Zweigen des Schachspiels wachzuhalten und zur weiteren Beschäftigung mit dem königlichen Spiel anzuregen. Arbeit verlangt zwar Brinckmanns »Lehrbuch des Schachspiels« von dem neugewonnenen Schachfreund; aber seine klare und übersichtliche Darstellungsweise hält den Leser bis zum Schluß gefangen und macht ihn allmählich zu einem wirklichen Schachspieler. »Von A bis Z« führt Exweltmeister Dr. Euwe in seiner gediegenen und gründlichen Art durch alle Belange der Schachpartie — ein unübertreffliches Lehrbuch für alle die, die es ernst mit dem Schachstudium meinen und mehr wissen wollen als die Grundwahrheiten. Einteilung und Durchführung verraten den großen Pädagogen.

K. RICHTER, *Mein erstes Schachbuch*

Ein Ratgeber für Anfänger. 4. Auflage. Oktav. Mit zahlreichen Stellungsbildern. 91 Seiten. 1956. Kartoniert DM 4,80

„Diese Neuauflage des Erstlingswerkes des bekannten Verfassers . . . führt in einfacher und mustergültiger Form den Anfänger in die Kunst des Schachspiels ein.“ Schachecho

A. BRINCKMANN, *Lehrbuch des Schachspiels*

3., völlig neubearbeitete Auflage. Oktav. Mit 173 Diagrammen. VIII, 160 Seiten. 1952. Kartoniert DM 6,40

Walter de Gruyter & Co.

„Der bekannte Stil Brinckmanns, der es versteht, die als trocken verrufene Materie der Schachtheorie in jedem seiner Aufsätze und Werke dem Leser ‚mundgerecht' zu machen, zeichnet dieses Buch besonders aus."

Fränkische Nachrichten

M. EUWE, *Schach von A—Z*

Deutsche Bearbeitung von Kurt Richter. Oktav. Mit 262 Diagrammen. Etwa 200 Seiten. 1958. In Vorbereitung.

Ideen und Kombinationen

für Fortgeschrittene

Der große Ideengehalt des Schachspiels verlangt gebieterisch nach eingehender Gestaltung. Da tritt wieder Dr. Euwe mit zwei wertvollen Büchern auf den Plan: in » Positions- und Kombinationsspiel « erläutert er die höhere Strategie der Bauernführung, und in » Urteil und Plan « gibt er dem Lernenden meisterliche Winke zur Stellungsbeurteilung und Planbildung an die Hand. Wieder von anderer Art ist Eduard Laskers Standardwerk » Moderne Schachstrategie «, an dem schon unsere Väter ihre höhere Schachauffassung heranbildeten. 6 Auflagen (davon die letzte modernisiert) sprechen für sich. Optisch Schach zu lehren, bemüht sich K. Richter in seinen Büchern » Der Schachpraktiker, Schachmatt und Kombinationen «. Anhand einprägsamer Beispiele wird die Theorie aus der Praxis heraus entwickelt und in dem Lernenden das Schachgefühl geweckt. Er lernt Kombinationen sehen und verstehen.

M. EUWE, *Positions- und Kombinationsspiel im Schach*

2. Auflage. Oktav. Mit 132 Diagrammen. 109 Seiten. 1955. Kartoniert DM 5,80

„Dieses Buch gehört zu den Rosinen in der Schachliteratur. Es ist für Lernende und Fortgeschrittene in gleichem Maße gewinnbringend.“ Rotenburger Kreiszeitung

M. EUWE, *Urteil und Plan im Schach*

Oktav. Mit 168 Diagrammen. VIII, 168 Seiten. 1956. Kartoniert DM 8,40

„Ein neues Lehrbuch des holländischen Exweltmeisters. Das Urteil über die Stellung und daraus den richtigen Plan fassen zu lernen, das ist es, was ... hier in anschaulicher Form von Dr. Euwe dem Leser doziert wird.“

Der Nußknacker

ED. LASKER, *Moderne Schachstrategie*

6., völlig umgearbeitete Auflage. Herausgegeben von Rudolf Teschner und Kurt Richter. Oktav. Mit 178 Diagrammen. VI, 171 Seiten. 1955. Kartoniert DM 9,80

„Dieses Buch, in dem die allgemeinen schachstrategischen Gesetze entwickelt werden, hat schon vielen Spielern zur Meisterstärke verholfen. Die neue Auflage ist vollständig neu bearbeitet und modernisiert worden.“ Freie Presse

K. RICHTER, *Der Schachpraktiker*

Ein Wegweiser für Lernende. 3., verbesserte Auflage. Oktav. Mit zahlreichen Stellungsbildern. 84 Seiten. 1953. Kartoniert DM 3,80

„Das Buch ist eine Fundgrube überraschender schachlicher Gedankenblitze und ideenreicher Kombinationen.“

Heim und Werk

K. RICHTER, *Schachmatt*

Eine lehrreiche Plauderei für Fortgeschrittene über den Mattangriff im Schach. 2. Auflage. Oktav. Mit zahlreichen Diagrammen. Etwa 100 Seiten. 1958. Kartoniert etwa DM 7,80

Walter de Gruyter & Co.

„Richter ist der Feuilletonist unter den Schachautoren. Er versteht es, die verwickeltesten Probleme gleichsam im Plauderton verständlich zu machen.“ dpa, Hamburg

K. RICHTER, *Kombinationen*

Eine planmäßig geordnete und eingehend erläuterte Sammlung von 356 Mittelspielstellungen im Schach. 3., verbesserte Auflage. Oktav. Mit 335 Voll und 55 Teildiagrammen. 148 Seiten. 1955. Ganzleinen DM 8,50

„Dem Leser bietet das Werk zweierlei: Belehrung und, dank der faszinierenden Schreibweise Kurt Richters, recht viel Unterhaltung.“ Schweizerische Schachzeitung

Der kleine Bilguer

Theorie und Praxis

Guter Anfang ist halbe Arbeit — auch für Schachspieler. Von großer Wichtigkeit sind daher systematische Darstellungen der Eröffnungszüge. Eine grundlegende Übersicht vermittelt hier Richter/Teschner »Schacheröffnungen« mit klar herausgearbeiteten Gedanken der einzelnen Spielanfänge und praktischen Partiebeispielen. Snosko-Borowsky »Eröffnungsfallen am Schachbrett« erläutert ein nicht minder bedeutsames Teilthema lehrreicher Reinfälle in der Eröffnung, ihre Ausnutzung und ihre Vermeidung. In Vorbereitung ist Löwenfisch/Smyslow's Buch »Theorie der Turmendspiele«, die nächst den Bauernendspielen zu den interessantesten Schlußspielen gehören. Der einstige Weltmeister Capablanca verdankte nach eigenen Aussagen dem Studium von mehr als 1000 *Turmendspielen einen großen Teil seiner ungewöhnlichen Spielstärke.*

Berlin W 35

RICHTER/TESCHNER, *Schacheröffnungen (Der kleine Bilguer)*

Theorie und Praxis. 2., nach dem neuesten Stand der Theorie verbesserte Auflage. Oktav. Mit mehr als 100 ausgewählten Partien. VI, 210 Seiten. 1957. Kartoniert DM 9,80

„Der Untertitel des Buches besagt das Wesentliche über seinen Aufbau. Die mannigfaltigen, von den beiden Berliner Meistern sorgfältig zusammengestellten Eröffnungen und Varianten sind mit über 100 Partienbeispielen untermalt." Schweizerische Schachzeitung

E. SNOSKO-BOROWSKY, *Eröffnungsfallen am Schachbrett*

3., verbesserte Auflage. Neubearbeitet unter Mitwirkung von Rudolf Teschner. Oktav. Mit 221 Beispielen und 88 Diagrammen. 123 Seiten. 1957. DM 6,80

„Die Tatsache, daß dieses Werk ein Bestseller unter den Schachbüchern ist, daß schon nach 2 1/2 Jahren eine Neuauflage notwendig wurde, spricht für sich." Schachecho

LÖWENFISCH/SMYSLOW, *Theorie der Turmendspiele*

Aus dem Russischen übersetzt und herausgegeben von Dr. H. Lehmann. In Vorbereitung.

Von Wunderkindern und Großmeistern

Biographien und Erinnerungen

Der Schachliebhaber möchte nicht nur lernen und studieren, sondern sich auch über die Laufbahn und Leistungen der großen Meister des Schachspiels unterrichten. Dr. Aljechin, einer der genialsten Spieler aller Zeiten, schildert »Auf dem Wege zur Weltmeisterschaft« die psychologische Einstellung auf seinen gewaltigen Gegner Capablanca und seinen schließlichen Sieg. Unübertrefflich sind die Glossen Aljechins zu seinen eigenen Partien.

Walter de Gruyter & Co.

Hochinteressant ist in diesem Zusammenhang Reshevskys objektive Schilderung seiner Schachlaufbahn vom Wunderkind zum Großmeister. Auch er ist ein hervorragender Interpret eigener Partien. Seine allgemeinen Betrachtungen sind ebenfalls sehr lehrreich. A. Brinckmann würdigt den vor einigen Jahren verstorbenen »Großmeister Bogoljubow«, der zwar im Wettkampf mit Aljechin unterlag, aber zu den größten Meistern der Neuzeit zählt. Dem Gedenken Klaus Junges, dem hoffnungsvollsten deutschen Nachwuchstalent der Kriegszeit, mit nur kurzer, aber umso glänzenderer Laufbahn ist Budrich/Schultes sehr empfehlenswertes Büchlein »Das war Klaus Junge« gewidmet. Carl Carls, der Schöpfer der Bremer Partie, hat viele schöne Partien gespielt, die in dem von K. Richter bearbeiteten Buch lebendig werden. Gleichzeitig vermittelt der Rückblick auf Carls' Schachlaufbahn interessante historische Eindrücke.

A. ALJECHIN (Alekhine), *Auf dem Wege zur Weltmeisterschaft* (1923—1927)

2. Auflage. Oktav. Mit 100 Partien und 173 Diagrammen. VIII, 226 Seiten. 1955. Kartoniert DM 9,80

„Auf dem Wege zur Weltmeisterschaft ist in besonderem Maße bezeichnend für das Schaffen Aljechins überhaupt. Das Buch liest sich beinahe romanhaft."

Schweizerische Schachzeitung

S. RESHEVSKY, *Meine Schachkarriere*

Mit 80 ausgewählten Partien. Oktav. 210 Seiten. 1957. Kartoniert DM 12,80

„. . . sehr aufschlußreich in vieler Beziehung für den Schachleser sind die Schilderungen über die einzelnen Turniere und Begegnungen mit den Großen wie Aljechin, Capablanca, Lasker und Botwinnik. Am wertvollsten jedoch sind die Erläuterungen der 80 Partien." Der Nußknacker

A. BRINCKMANN, *Großmeister Bogoljubow*

Oktav. Mit zahlreichen Abbildungen und Stellungsbildern. 107 Seiten. 1953. Kartoniert DM 5,50

„Eine Sammlung der besten Partien des allseitig beliebten und geschätzten Großmeisters, in der vorzüglichen und zum Teil humorvollen Glossierungskunst Alfred Brinckmanns." Deutsche Nachrichten, Sao Paulo

BUDRICH / SCHULTE, *Das war Klaus Junge*

Partien und Aufzeichnungen. Gewidmet den jugendlichen, Schachspielern in aller Welt. Oktav. 97 Seiten. 1956. Kartoniert DM 8,80

„Ein Erinnerungsbuch zum Gedächtnis des begabtesten deutschen Jungmeisters, der am 27. April 1945 mit 21 Jahren . . . fiel. In wenigen Jahren stieg er zur Weltklasse auf. Das Buch eignet sich vor allem für unsere Jugend zu Geschenkzwecken." Schachecho

K. RICHTER, *Carl Carls und die ‚Bremer Partie'*

60 Jahre Schacherinnerungen. Mit einer Vorrede von Alfred Brinckmann. Herausgegeben von Kurt Richter. Oktav. 113 Seiten und 2 Abbildungen. 1957. Kartoniert DM 7,80

„Das empfehlenswerte Buch . . . weiß dem Menschen und Schachmeister Carls ein seinen Leistungen und Verdiensten entsprechendes Denkmal zu setzen."
Aachener Volkszeitung

Preisgekrönte Schachpartien

Poesie und Prosa

In der Mitte zwischen Belehrung und Unterhaltung stehen Partiesammlungen nach verschiedenen Gesichtspunkten. Tiefschürfend sind des jetzigen Exweltmeisters Botwinniks Erläuterungen zu seinen Partien aus dem 1. Wettkampf mit Smyslow 1954, ein Genuß für Kenner. Dr. Tartakower, einer der amüsantesten Plauderer und geistreichsten Köpfe im Reiche Caissas, zeigt eine Anzahl seiner schönsten Partien mit originellen und witzigen Zwischentexten. Mit ungarischem Temperament führt uns der Budapester Experte W. Á. Földeák in die Zauberwelt der Glanzpartien mit ihren schönen Kombinationen — eine prächtige Unterhaltung. Ein gewisses Gegenstück dazu bringt A. Brinckmann in einer Sammlung prägnanter Kurzpartien, hier entlädt sich die Dramatik des Schachkampfes sozusagen mit explosiver Kraft. Ganz anders geartet ist das Buch über das größte Fernturnier der Nachkriegszeit: das »Dr. Dyckhoff Fernschach-Gedenkturnier«. Fernschachpartien großer Meister sind naturgemäß meist tiefer angelegt als Partien am Brett und ermöglichen deshalb Kombinationen, die man sonst kaum antreffen würde. Ähnliches gilt hier für die subtile Behandlung der Aufbauprobleme. Ein bedeutsames Werk.

M. M. BÖTWINNIK, *Der Schachwettkampf Botwinnik—Smyslow* um die Weltmeisterschaft im Jahre 1954 in Moskau.

Deutsche Übersetzung von Dr. H. Lehmann. Oktav. 100 Seiten. 1957. Kartoniert DM 6,80

Die Arbeit Botwinniks, die hier als erste in deutscher Sprache vorgelegt wird — die vierundzwanzig ausführlich kommentierten Partien des Wettkampfes um die Weltmeisterschaft gegen Smyslow im Jahre 1954 — ist zugleich seine neueste.

TARTAKOWERS *Glanzpartien 1905—1930*

Eine Auswahl seiner besten Schachpartien aus den Jahren 1905—1930, von ihm selbst erläutert; zugleich ein unsystematisches Lehrbuch der Eröffnungsspiele und der allgemeinen Strategie. Oktav. 227 Seiten. 1956. Kartoniert DM 12,—

„In der vorliegenden Neuerscheinung findet sich eine Auswahl der besten Schachpartien des bekannten Meisters, das gleichzeitig ein Lehrbuch der Eröffnungstheorie, der Endspiele und allgemeinen Strategie genannt werden könnte." Union — Post

W. Á. FÖLDEÁK, *100 preisgekrönte Schachpartien*

Oktav. VIII, 135 Seiten. 1952. Kartoniert DM 6,80

„Wem die künstlerische Seite des Schachs besonders am Herzen liegt und wer sich beste schachliche Unterhaltung verschaffen will, der greife zu dem Werk." Freie Presse

A. BRINCKMANN, *Matt in zwanzig Zügen*

Einfälle und Reinfälle. Ein Lehr- und Lesebuch. Oktav. 70 Partien mit 72 Diagrammen. 87 Seiten. 1955. Kartoniert DM 6,80

„Für erprobte Schachspieler ein schachtheoretisch exakt durchdachtes, dabei erfrischend undogmatisches Nachspielheft." Bücherei und Bildung

Dr. DYCKHOFF

FERNSCHACH-GEDENKTURNIER 1954/1956

Herausgegeben von Hans-Werner von Massow und Eberhardt Wilhelm.

Mit 180 Diagrammen, 39 Fotos, 170 ausgew. Partien, Tabellen, Endspielregister, 246 Seiten. 1958. DM 12,80

Walter de Gruyter & Co.

Köstliche Seltenheiten

Rund um das Schachbrett

An Versuchen, dem ernsten Schachspiel auch eine lustige Seite abzugewinnen, hat es nicht gefehlt. Dr. Fabels Buch »Rund um das Schachbrett« bringt eine eigenartige Mischung von Abnormitäten des königlichen Spiels, Essays, Kompositionen und lustigen Zeichnungen — am Rande des Schachbretts. Köstliche Seltenheiten! In gewisser Weise ergänzt der Wiener Altmeister Dr. Krejcik in »Mein Abschied vom Schach« das Fabel'sche Werk. Witzige Probleme und geistreiche Partieendungen werden in gemütvollem Wiener Plauderton vorgetragen und mit nachdenklichen Erinnerungen gewürzt. Zwei Leckerbissen für Genießer! Weiter gespannt ist der Bogen in K. Richters »Kurzgeschichten um Schachfiguren«. Interessante Zusammenstellungen aus allen Gebieten des Schachspiels, teils unterhaltend, teils belehrend, mit mehr als 700 Diagrammen illustrieren die unerschöpflichen Möglichkeiten im Reiche Caïssas. Im wahren Sinne des Wortes ein Bilderbuch des Schachspiels und zugleich ein unmethodisches Lehrbuch des Mittelspiels!

K. FABEL, *Rund um das Schachbrett*

Amüsantes und Interessantes vom Schach. Oktav. Mit 6 Karikaturen. VIII, 137 Seiten. 1955. Kartoniert DM 8,60

„Das Buch kann jedem warm empfohlen werden, der nicht nur Partien gewinnen will, sondern auch Freude an der besinnlichen und unterhaltsamen Seite des Schachspiels hat." Pfälzer Tageblatt

J. KREJCIK, *Mein Abschied vom Schach*

Sterbliches und Unsterbliches aus der Mappe eines Wiener Altmeisters. Oktav. Mit 44 Partien, 40 Schlußspielen, 30 Endspielstudien, 17 Problemen, 27 Selbstmattaufgaben und 131 Stellungsbildern. 106 Seiten. 1955. Kartoniert DM 5,20

„Ein Erinnerungsbuch eines schon fast ehrwürdigen Zeugen einer glanzvollen Schachepoche und ein würdiger Abschied eines der letzten Romantiker aus Caissas buntem Reich."

Schachecho

K. RICHTER, *Kurzgeschichten um Schachfiguren*

Ein Bilderbuch des Schachspiels, zugleich ein Unterhaltungsbuch für alle Schachfreunde. Nach neuen Ideen zusammengestellt und bearbeitet. 2., verbesserte Auflage. Oktav. Mit mehr als 700 Diagrammen und nicht ganz so vielen Versen. 308 Seiten. 1955. Kartoniert DM 12,80

„Amüsantes und Belehrendes, Schwächen und Nachdenkliches sind zu einem bunten Cocktail der 64 Felder gemixt, den keiner mehr lassen kann, hat er erst einmal davon genippt."

Sonntagspost

Im Banne des Schachproblems

Fundgrube für Aufgabenfreunde

Die eben geschilderten drei Bücher enthalten zahlreiche schöne Schachaufgaben, sind jedoch keine ausgesprochenen ‚Problembücher'. Diese haben die weltbekannten Komponisten Kraemer/Zepler in ihren hervorragenden Problemsammlungen geschaffen, die eine Fundgrube für jeden Problemfreund bilden. Die Auswahl und Darstellung entspricht dem hohen Ruf der Verfasser. Methodischen Lehrwert hat Dr. Speckmanns Werk »Strategie im Schachproblem« anhand von 242 Diagrammen, den so beliebten Kleinaufgaben.

Walter de Gruyter & Co.

KRAEMER / ZEPLER, *Im Banne des Schachproblems*

Oktav. Mit zahlreichen Diagrammen. 158 Seiten. 1951. Kartoniert DM 6,80

„Die beiden Problem-Großmeister A. Kraemer und E. Zepler haben als prominenteste Vertreter der deutschen Problemkunst eine große Zahl auserwählter Schachaufgaben und Studien in diesem wertvollen Buch zusammengestellt.“ Kasseler Post

KRAEMER / ZEPLER, *Problemkunst im 20. Jahrhundert*

Ausgewählte Schachaufgaben. Oktav. 125 Seiten. 1957. Kartoniert DM 8,60

„Von ursprünglich 4000 Schachaufgaben jeder Problemrichtung haben die beiden berühmten Problemkomponisten etwa den zehnten Teil ausgesucht; ... eine unerschöpfliche Fülle reifster Kunstwerke, eine wahre Fundgrube für jeden Problemfreund.“ Schachecho

W. SPECKMANN, *Strategie im Schachproblem*

erläutert an 242 Miniaturen. Oktav. Etwa 128 Seiten. 1958. Kartoniert etwa DM 8,40

Regeln und Systeme

für Vereinsfunktionäre unentbehrlich ist Brinckmann / Rellstab's »Turnier-Taschenbuch«, das alle wichtigen Regeln, Spielsysteme und Vorschriften des Weltschachbundes allgemeinverständlich aufführt und erläutert.

BRINCKMANN / RELLSTAB, *Turnier-Taschenbuch*

Klein-Oktav. 127 Seiten. 1954. Kartoniert DM 4,80

„Dieses Buch der bekannten Verfasser wird Turnierspielern und Turnierleitern bald unentbehrlich werden.“ Schachecho

Das Schachjahr begleitet:

„Die DEUTSCHE SCHACHZEITUNG war noch nie so lebhaft und vielseitig wie jetzt."
Ähnlich wie hier Alt-Großmeister Prof. Dr. Vidmar äußern sich auch andere anerkennende Stimmen aus dem In- und Ausland.
Wenn eine Schachzeitung Erfolg haben soll, muß sie wohl von Experten geschrieben werden, darf aber nicht nur für Experten bestimmt sein.

Für jeden etwas, *das ist die Devise der Redaktion, die sich nach besten Kräften und mit hervorragenden Mitarbeitern bemüht, die Zeitschrift anregend, unterhaltend und belehrend zu gestalten.*
Die immerhin etwas spröde Materie Schach aufgelockert und interessant darzubieten, ist gewiß nicht leicht. Überzeugen Sie sich bitte selbst, ob dies der DEUTSCHEN SCHACHZEITUNG gelungen ist, und fordern Sie ein kostenloses Probeheft an. Wir sind sicher, daß auch Sie bei dem vielseitigen und aktuellen Inhalt unserer traditionsreichen Zeitschrift auf Ihre Kosten kommen werden.

Jahresabonnement DM 12,—. Für Mitglieder DM 10,80.

107 Jahre Deutsche Schachzeitung verpflichten!

Walter de Gruyter & Co.

Bestellzettel

Hiermit bestelle ich aus dem Verlag Walter de Gruyter & Co., Berlin W 35, durch die Buchhandlung:

.... Expl.	Aljechin, Weltmeisterschaft	DM 9,80
.... Expl.	Botwinnik, Schachwettkampf 1954 Botwinnik-Smyslow	DM 6,80
.... Expl.	Brinckmann, Lehrbuch	DM 6,40
.... Expl.	—, Matt in 20 Zügen	DM 6,80
.... Expl.	—, Bogoljubow	DM 5,50
.... Expl.	— u. Rellstab, Turnier-Taschenbuch	DM 4,80
.... Expl.	Budrich-Schulte, Klaus Junge	DM 8,80
.... Expl.	Dyckhoff — Fernschach — Turnier	DM 12,80
.... Expl.	Euwe, Positions- und Kombinationsspiel	DM 5,80
.... Expl.	Euwe, Urteil und Plan	DM 8,40
.... Expl.	Euwe, Schach von A—Z	In Vorbereitung
.... Expl.	Fabel, Rund um das Schachbrett	DM 8,60
.... Expl.	Földeák, Schachpartien	DM 6,80
.... Expl.	Kraemer-Zepler, Schachprobleme	DM 6,80
.... Expl.	Kraemer-Zepler, Problemkunst	DM 8,60
.... Expl.	Krejcik, Abschied vom Schach	DM 5,20
.... Expl.	Lasker, Schachstrategie	DM 9,80

Berlin W 35

.... Expl.	Löwenfisch-Smyslow, Turmendspiele	In Vorbereitung
.... Expl.	Reshevsky, Schachkarriere	DM 12,80
.... Expl.	Richter, Erstes Schachbuch	DM 4,80
.... Expl.	Richter, Schachpraktiker	DM 3,80
.... Expl.	Richter, Schachmatt	DM 7,80
.... Expl.	Richter, Kombinationen Ganzleinen	DM 8,50
.... Expl.	Richter, Carl Carls	DM 7,80
.... Expl.	Richter, Kurzgeschichten	DM 12,80
.... Expl.	Richter-Teschner, Schacheröffnungen	DM 9,80
.... Expl.	Snosko-Borowsky, Eröffnungsfallen	DM 6,80
.... Expl.	Speckmann, Strategie	In Vorbereitung
.... Expl.	Tartakowers Glanzpartien	DM 12,—
.... Expl.	Deutsche Schachzeitung	
	jährlich, zur Fortsetzung	DM 12,—
	Für Mitglieder von Schachvereinen	DM 10,80
	Einzelhefte	DM 1,30

Datum Name Anschrift

44/58

MIX
Papier | Fördert gute Waldnutzung
FSC® C083411

Zeitfracht Medien GmbH
Ferdinand-Jühlke-Straße 7
99095 Erfurt, Deutschland
produktsicherheit@kolibri360.de